生活與藝術中的鳥和人

鳥兒在唱歌

Stanisław Łubieński
史坦尼斯瓦夫·盧賓斯

譯———陳綉媛

本書獻給我的教父約翰·波米安（John Pomian）與
姑姑伊莉莎白·盧比恩斯基（Elizabeth Łubieński），
他們總是鼓勵我追求對鳥類的興趣。

CONTENTS

鳥兒在唱歌——生活與藝術中的鳥和人
Dwanaście srok za ogon

1

Introduction
前奏

　　就把這當作是一封我的推薦信吧。我對鳥類的興趣可以說是從讀小學的時候開始的，話雖如此，我不得不承認，這份熱情並不是憑空出現。當然，如果可以的話，我很想說這一切都來自我自己——我的智慧、我的求知欲、我的獨創性。不過我的興趣其實是從模仿開始的。帶領我進

海雀

入鳥類學世界的人是大我兩歲的表哥米哈斯（Michaś）。我很崇拜他，所以模仿他的一舉一動。為了引起他的注意，我總是跟著他團團轉。

每年我們全家都會前往馬祖爾湖區（Pojezierze Mazurskie）[1]度假。我們會在賽斯提湖（Jezioro Seksty）的一處狹窄水灣聆聽騰馬貓頭鷹的啼叫聲。從近處觀看，還能見到翠鳥捉魚的精彩畫面。我們還會討論從車上看到的某隻鳥會不會是短趾雕。就這樣，慢慢的，我一頭栽進鳥類世界之中。我的第一副雙筒望遠鏡是在巴納哈露天市場上（Targowisko Banacha）[2]買的，它們和琳瑯滿目的俄羅斯商品一同陳列在行軍床上。這副蘇維埃製造的鏡頭還算蠻不錯的，話說回來，當年也沒有其他的選擇。

我認識的許多鳥類專家或多或少都有一套屬於自己熱情的原初神話。維特科（Witek）曾養過一隻金絲雀。他其實從來沒有真正喜歡過這隻鳥，牠既吵鬧又老是想引起人注意，經常惹得他十分心煩。他總是心不甘情不願地幫牠加滿餵水器裡的水。但是天曉得，要不是因為那隻討厭的金絲雀，維特科或許會選擇一個完全不同的行業。凱莎（Kasia）從小就習慣盯著掛在床頭上的那隻灰色海鷗標本看。至於我自己呢，我的床頭上釘著兩張明信片，一張是我父親從義大利帶回來的，上面印有一隻麻雀幼鳥的照片；另外一張則是杜勒（Dürer）[3]名為〈小貓頭鷹〉（Die Kleine Eule）的複製畫。現在我再也不能確定那兩張明信片是一直都在那裡，還是出現在我買下那副蘇維埃製的雙筒望遠鏡之前或之後的事了。

或許我的鳥類之旅並不是從圖像開始，事實上是從文字展開這一

切的。從小我母親就經常念書給我聽。其中我對伊蓮娜・優吉萊維佐瓦（Irena Jurgielewiczowa）所寫的《四個有羽毛的朋友》（*Historia o czterech warszawskich pstroczkach*）[4] 印象特別深刻。這是一個關於住在華沙舊城區廣場上，四隻小麻雀的故事：自誇的小酷，出生在文學之家的屋簷下；愛與人爭吵的毛球；老是病懨懨的黑眼圈；還有沉默寡言、憂鬱的安安。每隻小麻雀都有屬於自己的志向、同情心，也和人類一樣，各有不同的個性。直到現在我仍然清楚記得在讀到〈可憐的小葛雷〉那一章時，其中一個小角色被一群男孩殺死，我感到一陣哽咽、難過不已的心情。我也記得讀到小酷受傷，最後飛到一個老太太的公寓時，我緊張到渾身發抖。在歷經這一切後，我如何能不對華沙的麻雀產生共鳴呢？

1　馬祖爾湖區，位於波蘭東北部，共約有兩千七百個大小的湖泊。

2　巴納哈露天市場是位於華沙一處歷史十分悠久的露天市場，於一九一七年開放。

3　阿爾布雷希特・杜勒（Albrecht Dürer, 1471-1528），德國十六世紀的畫家，世界第一幅水彩畫便出自他之手。

4　伊蓮娜・優吉萊維佐瓦（1903-2003）是一位波蘭教師，同時也是一位兒童和青少年文學作家。《四個有羽毛的朋友》是她撰寫的第一本兒童讀物，起先是為她最年幼的孩子所寫，描述四隻華沙小麻雀的故事。

我們家裡其實只有一本關於鳥的書，是賽爾尼（Černý）和德拉夏（Drchal）所寫的《那是什麼鳥？》（*Jaki to ptak?*）[5]。我根本不知道這本書是從哪裡來的，因為我們家族裡根本沒有人對鳥有興趣。我的父母對大自然的認識並不多，狗才是我們真正喜愛的動物。家族中也沒有人會打獵。唯一能和打獵扯上關係的就是掛在我叔叔位於奧坡雷（Opole）[6] 家中，那張至少有一百年歷史的黑色鱷魚皮。我曾經想過那是康斯坦提・耶爾斯基（Konstanty Jelski）留下來的，他是我們的一位遠房親戚，曾經是個動物學家，後來前往南美洲探險。

　　我並沒有特別喜愛自己第一本關於鳥類的書。我不喜歡書中的插圖。整本書看起來破破爛爛，打從我有印象起，書背就是在第一三〇頁那頁裂開的。我記得那一頁剛好有海雀、企鵝和只有每年冬天出現在波蘭海面，不擅飛行的海鳥圖片。對於一個居住在華沙的小孩而言，這根本是件無法想像的事。而且就連我在尋找小鳴禽時，這本書總會自動在海雀那頁打開。

　　但是過沒多久，《那是什麼鳥？》不知不覺就跟著我四處跑。我把書帶到週末度假小木屋，把它忘在那裡，任由潮溼和黴菌的破壞。不久之後，這本書就被揚・索科羅斯基（Jan Sokołowski）[7] 那本附有大幅彩色圖片的《波蘭鳥類》（*Atlas Ptaki Polski*）所取代，書中提供許多相當

有趣但常常顯得過時的資料——比如說，一份有關一九一三年發現有隻高山禿鷲在皮耶尼內山脈（Pieninach）[8]築巢的報告。這本圖鑑輕薄不厚，描述簡潔，頁面上也留有不少的空白。相較之下，現在的鳥類圖鑑提供更多準確且可信的資料，而鳥類指南也往往看起來像一塊塊厚重的小磚塊。

有一陣子我曾經想過要買隻玄鳳鸚鵡，但想到家裡多了隻籠中鳥，心裡就感到不是很舒服。寵物店賣的大多是一些舶來鳥，但我真正想進一步認識的是那些居住在附近的鳥類。對我來說，關在籠子裡的鳥根本不算真的鳥，而是一些搔首弄姿、引誘人上鉤受騙的櫥窗模特假鳥。我想擁有一隻野生動物。米哈斯找到一隻小禿鼻烏鴉，我們拿農夫乳酪餵牠，鼓勵牠飛翔，但卻徒勞無功。我們試著把牠拋向空中，但牠只是一邊生氣的嘎嘎叫，一邊張開翅膀，最後輕輕地掉到草地上。這隻小烏鴉

5　《那是什麼鳥？》由捷克作家沃爾特・賽爾尼（Walter Černý）和插圖家卡雷爾・德拉夏（Karel Drchal）所共同撰寫，是本圖文並茂的鳥類指南。

6　奧坡雷位於波蘭西南部，是奧坡雷省的首府。

7　揚・索科羅斯基（1899-1982），是一位波蘭動物學家和鳥類學專家，致力於波蘭鳥類的研究和保育。

8　皮耶尼內山脈，位於波蘭南部和斯洛伐克北部。

身體一定有什麼問題。也許牠的父母發現牠有缺陷，可能長不大，所以把牠丟出巢外。

鳥類指南或圖冊通常以作者的名字來稱呼。所以，我會說我喜歡我的索科羅斯基。但對我來說，最大突破非《歐洲鳥類》（*Ptaki Europy*）莫屬，這是由卡齊米耶斯・阿爾賓・多布羅沃爾斯基（Kazimierz Albin Dobrowolski）[9] 所編，並收錄瓦迪斯瓦夫・西維克（Władysława Siwek）[10] 所繪製的彩色插圖。這是本提供最新資料的現代鳥類圖鑑，編排的方式令人回想到美國的彼得森圖鑑（Peterson Guides）[11]，插圖不但清晰且色彩豐富。除了關於各種鳥類的文字描述以外，還有黑白的插圖，說明鳥類的獨特行為。我非常努力的想像摹擬「普通燕鷗捕魚」或「田鷸求偶飛行」的畫面，更以認真嚴肅的鳥類學家為榜樣，開始記錄自己的觀鳥結果：「（八月一日）在公園裡看到幾隻綠頭鴨和白冠雞。（八月二日）今天除了紅嘴鷗以外，沒什麼特別的發現。」

我有本 A4 大小的筆記本，是我祖母揚卡（Janka）買給我的——《史坦尼斯瓦夫・盧賓斯基，鳥類》。大約在一九九三年時，有一段時間我會把蒐集到的有關動物的文章，剪下並貼到這本筆記本上（有時候從黃色的圓形汙漬來看，可以判斷當時我一定是用阿拉伯樹膠取代學

校用的口紅膠）。我祖母還會從《側翼週刊》（*Kulisy*）[12]和《橫截面》（*Przekrój*）[13]幫我剪下文章，並且非常專業地記錄下來（這並不意外，因為我祖母曾是一位圖書館員）。舉個例子來說，一篇關於在波蘭盛夏時，許多鳥類就已經展開飛往非洲遷徙的報導，在文章標題「最後的小鳥」的下方就可以看到祖母如蜘蛛網般彎曲且細長的筆跡：「《橫截面》，一九九三年八月八日。」

我收集的剪報大部分都是亞當・瓦伊拉克（Adam Wajrak）[14]在《新聞日報》（*Gazeta Wyborcza*）[15]上所發表的文章。其中包括一篇呼籲採取保

9　卡齊米耶斯・阿爾賓・多布羅沃爾斯基（1931-2002），是一位波蘭生物學家和教授，曾擔任華沙大學校長。

10　瓦迪斯瓦夫・西維克（1907-1983），波蘭藝術家，以描繪納粹占領波蘭期間的奧斯威辛集中營聞名，他本人也是集中營的受害者。

11　這裡指的是由美國著名鳥類學家羅傑・托瑞・彼得森（Roger Tory Peterson, 1908-1996）所撰寫的鳥類圖鑑。

12　《側翼週刊》，是一份一九五七─一九八一年間在華沙出版的週刊。

13　《橫截面》，於一九四五年在波蘭克拉科夫（Kraków）創刊，是波蘭歷史最古老的社會文化週刊，以收錄波蘭知名作家的作品而聞名。

14　亞當・瓦伊拉克（1972-），記者、生物學家和自然與動物保護家。

15　《新聞日報》，一九八九年在華沙創刊，是一份左翼自由主義立場的獨立日報。

護行動的文章：在當時還稱為奧斯特羅文卡省（województwo ostrołęckie）
的奧姆列夫河谷地區（Omulew），當地居民在繁殖季節會獵殺黑嘴松
雞。其他的就比較屬於是旅遊觀光類的文章，像是在畢耶斯查迪山區
（Bieszczady），遊客可以看到老鷹在速食販售亭上方盤旋。不過有些也蠻
有教育意義的，例如在森林裡散步時的注意事項。有一年克日什托夫·
費爾切克（Krzysztof Filcek）也曾為《新聞日報》撰寫有關鳥類的文章——
這個標題為〈帶著雙筒望遠鏡一起去散步〉的連載提供如何成為業餘觀
鳥愛好者的方法，以及哪裡是觀鳥初體驗的最佳地點。這是出自一位真
正的鳥類愛好者之筆，相當吸引人且講求事實的好文章。

　　在學校我對鳥的興趣成為同學間的笑柄。某人對鳥類感到好奇的
事實，總是會成為笑話（順便一提，直到今天情況依然沒變）。我不
會為了這件事感到特別痛苦，畢竟人總是要為了自己的古怪愛好付出
代價。上生物課時，我非常期待可以趕快上到動物學的部分，但是事
實上，關於鳥類的章節慘遭忽略，只有稍微一談便直接跳過。老師對
鳥類生活的認識相當有限，她甚至連一些普通的種類也無法辨認。我
記得有次同學從公園裡撿到幾隻小藍山雀，並把牠們帶到班上時，她
一臉不知該如何是好的表情。就像那兩隻被放在食物實驗室後面房間

的沙鼠，牠們最後的下場沒有太好。一天早上，當我們走進實驗室時，發現牠們已經進行過一場自相殘殺的打鬥，結果其中一隻腿被咬斷，躺在地上死了，另一隻則平靜的在鋪在籠裡的木屑中翻找食物吃。

　　以前我常常在我們的社區花園或在公園踢足球時，尋找小鳥的足跡。當空中出現陌生的飛影時，我會停下腳步，仔細觀察。小時候有次我在電視新聞報導畫面中發現一隻飛過的啄木鳥，到現在我都記得當時父母驚嘆不已的模樣。我漫不經心的解釋道，那叫做「波浪狀飛行」，現在回想起來，我當時的判斷還需要有更清楚的說明。直到現在，我弟弟都還記得在我那本關於鳥類的筆記本上，記錄著某隻猛禽捕捉獵物時所發出的叫聲：「咯嚦—咯嚦—咯嚦咏」。一九九四年，我母親、湯梅克舅舅、米哈斯和我一起前往匈牙利，這是我的第一趟海外賞鳥之旅，是由馬切吉・齊莫夫斯基（Maciej Zimowski）所籌畫的活動，他後來在克拉科夫的文學圈中被稱為馬切吉・卡茲卡（Maciej Kaczka）或「鴨子」馬切吉（Maciej the Duck）[16]。

16　「Kaczka」波蘭文的意思是「鴨子」。

　　我們一團四十人，其中包括中年賞鳥人、幾個年輕的鳥類專家，還有一兩個跟鳥類扯不上關係的外行人。記憶中，這趟旅行並沒有發生什麼爭論或不愉快的事：博物學家往往不受不方便所帶來的影響，再說大自然給予的是更多的回報。在帳篷上方的樹枝上，我們發現了黑額伯勞的巢穴，而且在營地門外就可以捕捉到西紅腳隼的身影，牠們是專吃昆蟲的小型猛禽。到了夜晚，三種不同的貓頭鷹成了我們營區的守護者──一位美麗的白女士，牠是隻倉鴞；一個身形迷你的貓頭鷹家庭，牠們的孩子手腳笨拙，在試著降落在排水溝上時，還差點就跌到我們的頭上；還有一隻雄壯的黃褐色貓頭鷹，牠是其中習性最神祕的一種，總是獨自停在營地邊緣某處的柵欄柱上。

　　我的暑假跟同學們有點不同。我不記得匈牙利的城市、名勝古蹟或商店，反而對被烈日曝曬的大草原、極度酷熱和同行旅伴們曬得紅通通的臉留下深刻的印象。我還記得走在乾涸的湖面上，踩著裂開的泥床，以及陷在泥裡那個湯匙狀的鳥喙，那是前任主人琵鷺唯一留下的東西。我母親在破冰派對上所說的含糊妙語：「我年紀夠大到看過渡渡鳥」，言猶在耳。

　　直到現在，腦海中仍清楚記得看過的鳥類身影，彷彿幻燈片似的，歷歷在目。俯身走在油菜花田邊上，羽毛豎起，體型龐大的大鴇。我與一隻歐亞石鴴相遇，牠那一身黃褐色的羽毛，細長雙腳，一雙猶如金色小碟的雙眼，隱身在高高草叢中，幾乎不見身影。德布勒森

（Debrecen）[17] 公園裡，那隻當時在波蘭還非常罕見的敘利亞啄木鳥，現在已經多到見怪不怪，沒什麼好稀奇的了。停留在馬路兩側電線桿上的藍胸佛法僧，正伺機等候獵物上門。在二十世紀九〇年代中期，佛法僧在波蘭曾經面臨一場生存危機，二十多年後的今天，牠們離絕種只剩一步之遙。

　　隔年，我們前往北歐斯堪地納維亞地區。我依然不記得那裡的人或城鎮。事實上，我們是刻意避開這些的。在經過奧斯陸（Oslo）[18] 的途中，我只記得城市公園裡埋首吃草的白頰黑雁。留在我腦海裡的是一座座雲杉林、與鬍子般的地衣纏繞一起的樹枝、矮小的白樺樹以及色彩繽紛的白髮苔。當然還有其他各種鳥類：隱藏在苔原上的柳雷鳥；在傷感曠野中，獨自停留在湖面上的那隻潛鳥；潤德島上（Runde Island）[19] 的岩石懸崖以及不擅飛行，長得像企鵝的海雀……，小時候一三〇頁上的那些圖片終於成真，栩栩如生。

17　德布勒森，位於匈牙利北部，是該國第二大城市。
18　奧斯陸是挪威首都。
19　潤德島，挪威的一個島嶼，以豐富的鳥類聞名，島上有一個鳥類觀察站。

多瑙河三角洲 [20]，一路上，可以看到許多外西凡尼亞地區（Transylvania）[21] 搭有波浪狀鐵皮屋頂的房子，以及不論我們在哪裡停留，隨處都可見的流浪狗。我們這輛從普瑟密士（Przemyśl）[22] 出發的波蘭巴士，車身右邊有一個生鏽的破洞和一條在費力的爬坡路上斷裂的風扇皮帶。當我們終於抵達目的地時，除了大自然，基本上別無他物。露營地裡的咖啡店，燕子從窗戶裡飛進飛出，好不熱鬧！牠們飛過桌面，最後消失在高牆上的鳥巢中。夜晚降臨，大自然卻一刻也不得閒。數也數不清的蟋蟀爭先發聲，整片草原就像是個大型樂團，樂手們隨性演奏著不同的音域和節奏，這是一場活力十足的現場演奏會。聽在人類的耳裡，大自然的樂音並不總是那麼合乎邏輯。

在那之後，我們在三角洲上遊船的畫面在夢中出現過許多次。我們穿越一個又一個的蘆葦隧道，看不見的隱形通道，數公頃的潮溼林地。這個三角洲孕育著十分豐富的植物種類，鳥類則是這個河流國家的守護者。體型碩大的鵜鶘好似一架輕型小飛機，從容且自信，靜靜地從我們的頭上飛過。淺水灘上一群有著彎曲嘴喙的朱鷺，全身散發出金屬般的光芒。蒼鷺一動也不動地獨自佇立在河床上。這是我的最後一趟家族賞鳥之旅。慢慢地，我開始需要一定程度的獨立。

鳥類書籍常用一種特別的語言書寫。在童年時，我已習慣這個語言，因此對這類專業術語並不感到陌生。這是一種只有純粹意義，沒有文字風格的語言。我不曾注意到其中的喜劇潛力。這是一件奇怪的事，因為寫學校作文的時候，我總會仔細挑選用字遣詞。不過很快地我就明白，與其和一個困難的同義詞搏鬥，有時候重複使用同一個字更加適合不過。我不打算用一些如「長著翅膀的流浪者」等奇怪形容詞來取代「鳥」這個字。

20　多瑙河三角洲主要位於羅馬尼亞東部黑海的入海口處，小部分在烏克蘭，育有豐富的動植物，不但是歐亞非三洲候鳥的聚集地，也是歐洲最大的飛禽和水鳥棲息地，享有「歐洲最大的地質、生物實驗室」的美名。
21　外西凡尼亞地區，位於羅馬尼亞中西部。
22　普瑟密士，是波蘭南部一個歷史悠久的城市。

其實對一向喜愛閱讀的人來說，鳥類書籍的語言可以說是極為笨拙的。不過它們的字詞也無法被中性的日常波蘭語所取代[23]。這類書籍圖鑑的文字精準且恰當：雄性、雌性、食物、餵食。畢竟我們很難反駁鳥類的進食方式與人類不同的事實——牠們可不是什麼紳士或淑女。在未經思考的情況下就直接將人類的思維套用在動物身上，就是掉入幼稚主義的陷阱之中。鳥不做愛，沒有上床睡覺這件事，也沒有所謂的性生活。牠們會交配。這個技術術語傳達這個行為的精髓，也就是說，在這裡浪漫沒有存在的空間。這純粹只是一個攸關繁衍後代和基因轉移的問題。交配，除了這個字以外，沒有更合適的說法可以形容這個活動。

對學過生物學或看過自然紀錄片的人而言，這些實在是再熟悉也不過的字眼。但是有些字則比較不那麼淺顯易懂——鳥的每一個身體部位和羽毛結構都有獨特的名稱。波蘭文中的「szata」，意思是「長袍」或「禮袍」，被用來形容鳥的「羽毛」。我特別喜愛這個字，聽在外人耳中，這令人聯想到週日經文閱讀和瀰漫教堂裡的那股薰香。根據鳥的年紀、季節和性別，羽毛也大不同。它們可以是新長出來的，也可以是損壞的。每一種鳥類都有屬於自己的羽毛構造，同時也會根據特定的順序更替（透過「換羽」〔Moulting〕[24]）。

將人類體型的描述套用在鳥類身上，顯得相當奇怪。我在某本鳥類圖鑑裡看到「肩膀寬壯的」這個形容詞，但這並不是用來形容某種氣勢磅礴和強壯的鳥類。畢竟並不是每隻老鷹都有一個寬壯的肩膀。鳥類常

常具有與相似物種相對立的特徵。通常與比例的細微差別有關,給人一種瞬間即逝和難以定義的印象。因此,拉爾斯・榮松(Lars Jonsson)[25]在他的圖鑑裡,就描述林柳鶯肩膀要比與牠同種類的柳鶯還要寬。記得我曾經讀這段描述給朋友們聽,有一刻我不明白為什麼他們全都笑翻。但是,只要看看這兩隻身長約十公分的鳥一眼,馬上就會明白這根本就跟所謂的人類的寬壯肩膀無關。

同理可證,「臉部表情」也是一樣的道理。就我們對「臉」這個字的理解,鳥是沒有臉的。但是透過各種不同線條和眉毛的排列,頭頂明亮或深色的羽毛,賦予鳥五官和表情。一個顯著的例子就是一對種類相近、歐洲地區最小的鳥類:戴菊鳥與火冠戴菊鳥。戴菊鳥眼睛周圍是明亮的白色羽毛,看起來天真無邪,給人一種親切的感覺。火冠戴菊則一臉霸氣,彷彿是前者步上邪路的變生兄弟。白色粗眉下方是一道魔鬼般的黑羽,繞過眉黑色的雙眼,最後由眼周的灰色羽毛共同完成一幅牠的

---

23 波蘭語的名詞有分陰性、陽性和中性,句子中的動詞、形容詞、副詞等也都必須跟著做詞性變化。
24 「換羽」是一個重要的鳥類生物行為,一年約換兩次,有時過程可長達數個月之久。
25 拉爾斯・榮松(1952-),是一位瑞典鳥類插畫家。

肖像圖。這種小山鳥，重約六公克，一雙熊貓眼看起來一副像是永遠沒睡飽的模樣。

　　描述看到某種鳥類機率的術語也相當有趣。「普通」完全沒有普通、平凡或無趣的意思。如果某一種鳥類數目很多，那麼牠們就會被形容為「普通」，表示常見。反過來說，某種鳥類的遷徙路線一般並不會通過某一特定地區，但是偶爾因迷路而路過該區，那麼牠們就會被稱為「偶爾的訪客」。「漂泊者」則是完全不同的種類，牠們堪稱稀有罕見。牠們極為少見，通常都是在意外的情況下才出現在某地，比如說，飛行途中遇到大風暴，被迫降落此地。我也很喜歡「侵入的」這個形容詞。這種鳥類令人難以捉摸。某一年冬天牠們大量出現在這裡，隔年則只剩小貓兩、三隻，寂靜無聲。

　　理沙德・卡普欽斯基（Ryszard Kapuściński）[26] 曾經寫過一首名為〈灰鶺鴒〉的詩：

26　理沙德・卡普欽斯基（1932-2007），波蘭著名記者，有「世紀記者」之稱，他同時也是一位詩人和文學家，多次被提名諾貝爾文學獎，被譽為二十世紀最具影響力的作家之一。

······灰鶺鴒

一身極漂亮的羽毛

黑喉嚨

一對深棕色的翅膀

黑嘴喙

逐溪而居

生氣活潑

歌聲繞梁

嘻嘻嘶

嘻嘻嘶

嘻嘻吥

嘻嘻嘶······

　　這首詩的題詞取自與卡普欽斯基同一時期的另一位波蘭詩人愛德華達·斯塔楚雷（Edwarda Stachury）的作品——〈一切都是詩〉（*Wszystko jest poezja*）[27]。

小學畢業後，我對鳥類已經有相當不錯的認識了，不過對於閱讀鳥類的書籍卻越來越不感興趣。上了高中以後，我開始享受漸漸脫離父母掌控所帶來的好處。雖然我仍然持續賞鳥的活動，但是大部分的時候都是出自一種無意識的本能反應。重複過去多年來所學到的一切，自然而然地，賞鳥帶給我的樂趣越來越少，取而代之的是越來越多的不愉快。我的熱情正逐漸消失中。

　　高一學期結束後，我說服兩個都名叫米哈烏夫的好朋友，一起前往斯堪地納維亞地區北部旅行。這是一趟完全不同以往的賞鳥之旅。我們大口暢飲芬蘭跟水一樣稀淡無味的啤酒，直到喝掛為止。我們爬到海岸邊風化的懸崖上，從公路上的小商店裡順手偷走幾樣小紀念品。恐懼所帶來的快感和做壞事的興奮緊張情緒多寡，成為我們此趟旅行的樂趣指

27　愛德華達・斯塔楚雷（1937-1979），波蘭詩人、作家與翻譯家。〈一切都是詩〉是其《詩歌散文集》（*Poezja i proza*）中的第四卷（共五卷），於一九七五年出版。在這部散文作品中，作者表達人人都可以是詩人，萬物皆有詩意的觀點。

標。即使小鳥退居其次，但當我在極地夜晚的微光中瞥見金斑鴴的身影時，仍然感到驚喜萬分。

我的好朋友對小鳥並不怎麼感興趣，但這一點倒是無所謂。有了吸引人的自由和為數可觀的零用錢，隔年我們三個決定往南到科西嘉島（Corsica）和薩丁尼亞島（Sardinia）[28]。過去一年來，我們熱衷於累積喝酒的經驗，所以這一次我們當然不打算輕易被任何舊玩意兒打敗。基本上我們以成年人自居。我們無所畏懼，大搖大擺地出入科西嘉島上的酒吧，裡頭大約都會有十來個男人，陶醉地唱著悲傷的歌曲。他們已經喝得醉茫茫，眼神呆滯，完全沒注意到我們或其他事物的存在。我甚至記不得自己是否在那兩個禮拜期間，有看到科西嘉島特有的五子雀。

在我的優先事項名單上，小鳥的排名越來越低。甚至在旅行時，雙筒望遠鏡也不再出現在行李中。旅途中會讓我停下腳步觀賞的小鳥更是少之又少。高中最後一年時，我和米哈烏夫‧B一同前往烏克蘭的喀爾巴阡山脈（Ukraińskie Karpaty）[29]。就我們兩個，一場純粹真男人的冒險。現在回想起烏克蘭的那第一場旅行，腦中浮現的絕大部分只有恐懼──印象中，感覺那裡的每一個人都相互勾結，伺機等著謀殺我們。而我們幾乎不懂半個西里爾字母[30]的這個事實，更是雪上加霜。

因為無法溝通，所以導致了一些無法避免的愚蠢情況。在一間店裡，我花了十分鐘拒絕那個無恥女人的「伏迪奇加」（vodichka）[31]，誤以為她要倒某種伏特加酒給我，其實她只是要倒水給我。實際上，烏克蘭

人稱伏特加為「伏里加」（gorilka），當時我們要是知道這點就好了。火車上那個與我們交談、滿嘴金牙的男子，在我們兩個眼中實在顯得十分可疑。我們屏息等著隨時會被他打劫。在經歷過第一天這些緊張刺激的事件之後，當我看到一隻三趾啄木鳥完全無視於我們的存在，無憂無慮地在我們帳篷正上方的雲杉枝上來回巡邏時，我是真心感到愉快。

　　從此我卻與烏克蘭結下不解之緣。護照上蓋滿了進入烏克蘭不同邊界檢查站的通關印：拉瓦－勞斯卡（Rava-Rus'ka）、雅荷丁（Yahodyn）、謝伊尼（Schehyni）、莫斯蒂斯卡（Mostýs'ka）。[32] 幾年後，我再度來到多

---

28 科西嘉島是法國的第一大島，位於地中海，與位於義大利半島西南方的薩丁尼亞島相望，後者是地中海第二大島。
29 喀爾巴阡山脈是歐洲第二長山脈，綿延約一千五百公里，橫跨中東歐數國，包括波蘭、斯洛伐克、烏克蘭、羅馬尼亞、奧地利、匈牙利、捷克和塞爾維亞。烏克蘭喀爾巴阡山脈位於烏克蘭西部邊境。
30 西里爾字母（Cyrillic），一般認為是公元九世紀由基督教傳教士聖西里爾（Cyril）和聖梅篤丟斯（Methodius）為了在斯拉夫民族地區傳教而創立，目前使用此系統的包括俄文、烏克蘭文、保加利亞文等斯拉夫語言。
31 烏克蘭文中的「水」（Водичка (vodichka)），音似波蘭文中的伏特加（wódką）。
32 這幾個烏克蘭城市位於該國西部與波蘭東南部邊界。

瑙河三角洲，踏訪幾個熟悉的地方。經過與幾個出租漁船的漁夫們幾番交涉後，我才意識到自己居然已經聽得懂他們私下的談話了。這幾個漁夫是札波羅結哥薩克人（Zaporozhian Cossacks）[33] 的後裔，他們的祖先被沙皇凱薩琳二世（Cathertine II）逐出錫奇（Sich），最後定居在這個地區。他們說的是一種古老的語言，我曾在烏克蘭文學之父伊萬·科特利亞雷夫斯基（Ivan Kotliarevsky）[34] 在十九世紀根據史詩《伊尼亞斯紀》（*The Aeneid*）所寫的諧傲（Parody）作品中讀過這個語言。溼地上的鷫鵳仍是一副器宇軒昂的模樣，蒼鷺也如往常般站著一動也不動。不過在我回憶的最深處，仍是沼澤中的那一處烏克蘭飛地（Enclave）[35]。

閱讀那無聲調的鳥鳴文字紀錄，常常帶來無數的歡笑聲。銀鷗的叫聲在索科羅斯基筆下成了一串平版語調——「Kjaukjaukjaukjaukjaukkajkja」。在史文頌（Svensson）[36] 的鳥類圖鑑中，銀鷗發出了「眾所皆知、崇高的求偶歡愉聲」——kyjaaa-kyja-kyja-kyja-kyja-kyja kyja-kyja-kiyow。捕捉其微妙的節奏和音色是一門偉大的藝術。想像嘗試用字母記錄足球裁判的吹哨聲。未經雕琢的擬聲詞聽起來確實呆板無趣，但要是加上適當的描述，就成了理解這鳥叫聲的最佳拍檔。

「平靜地，宛如長笛般，不疾不徐的輕柔甜美音調，像搖籃曲那樣帶點輕輕的哀傷，但卻十分悅耳動聽。這是最好聽的歌曲之一。文字也可以適切傳達其中的優美——『lulululu lyul dyil dyil lilili』」。很久以前人們應該早就注意到林百靈的美妙歌聲，這點從許多模仿其叫聲的民間別名中可以獲得證明，例如：菲蕾（Firlej）、蕾夫巧（Ledwucha）、菲魯思嘉（Filuszka）、蘇莉思佳（Suliszka）。[37] 還有什麼比揚·索科羅斯基在《波蘭鳥類》中的拉丁文學名「Lullula」[38]，更能傳達林百靈的優美叫聲呢！索科羅斯基十分喜愛民間對林百靈的詮釋。舉例來說，在他的書中，大葦鶯是這樣唱歌的：

---

33 札波羅結哥薩克人指的是定居在烏克蘭中、東部地區的哥薩克人。十八世紀下半葉，在女皇凱薩琳二世極力實施「俄羅斯化」的專制統治下，下令取消當時所謂的「波蘭郊區」（包括今日的烏克蘭和白俄羅斯地區）的自治權。錫奇原本是札波羅結哥薩克人的軍事與行政中心，在一七七五年遭到俄羅斯軍隊包圍襲擊後，移居到多瑙河三角洲地區。

34 伊萬·科特利亞雷夫斯基（1769-1838），他的詩集《伊尼達紀》（Eneida）（1798）是根據維吉爾（Virgil, 公元前七十一一公元前十九年）的史詩作品《伊尼亞斯紀》所寫而成，是第一部完全用烏克蘭文所完成的作品，因此獲得「烏克蘭文學之父」的美名。

35 飛地指的是某個地理區域內有一塊隸屬另一個國家的領土。多瑙河三角洲大部分位於羅馬尼亞東部境內的黑海入海口處。

36 拉爾斯·史文頌（Lars Svensson, 1941-），瑞典鳥類學家，其《柯林斯鳥類圖鑑》（Collins Bird Guide）是部經典之作。

37 波蘭各地對林百靈的別稱。

38 林百靈的拉丁文學名（Lullula）發音與涵意與「搖籃曲」（Lullaby）類似。

哩吧－哩吧－哩吧，

啦咔－啦咔－啦咔，

嘘喂嘶啼－嘘喂嘶啼－嘘喂嘶啼，

嘀啦－嘀啦－嘀啦，

嘶嗒叻－嘶嗒叻－嘶嗒叻，

唧咯－唧咯－唧咯。

　　今天從網路上就可以找到許多優質的錄音檔。不論在哪一個時代，鳥鳴一直都是個重要的靈感來源。人們嘗試用音符、字母和複雜的圖表記錄鳥叫聲，科學家、詩人和音樂家們全都嘗試過。其中一個著名的軼聞就是貝多芬，據說「第五號交響曲」開頭幾個音符的靈感就是來自某次他聽到圃鵐的歌聲所創造的。韋瓦第（Vivaldi）也曾譜出一首名為「金翅雀」的橫笛協奏曲。奧立佛・梅湘（Olivier Messiaen）在深陷第二次世界大戰的壕溝之中時，某日從清晨的一場小鳥音樂會中獲得靈感，並創作出〈時間終結四重奏〉（*Quartet for the End of Time*）。[39] 一九四一年一月十五日，在位於戈利茲（Görlitz）[40] 的 Stalag VIIIA 戰俘營中進行首演，而作曲家本人也是其中一位戰俘。

　　我個人十分著迷於克雷蒙・賈庚（Clément Janequin）[41] 在十六世紀早期所創作的複調歌曲。這位天主教神父在生命結束的前幾年被任命為

「國王的作曲家」。他以鳥語為靈感，譜寫出許多做鳥歌曲，其中最著名的是〈小鳥之歌〉（*Le chant des oiseaux*）。這是一首描述春天來臨，大自然再次從寒冬中甦醒的奇蹟讚詠。傾聽夜鶯和「叛徒」布穀鳥的玩樂聲，我們心中頓時充滿無限快樂。表演者模仿小鳥的短促囀鳴、高音啼囀和嘰嘰喳喳聲：「Frian, frian, frian, frian, frian, frian, frian, frian; ticun, ticun, ticun, ticun, ticun, ticu; qui la ra, qui la ra, qui la ra; huit, huit, huit, huit, huit, huit, huit, huit, huit⋯」。

　　大學即將畢業時，我已經收藏好幾本重量級的鳥類圖鑑。某次在一家書店中，無意間發現拉爾斯・榮松《歐洲鳥類》的最新波蘭文版本，

39　奧立佛・梅湘（1908-1992），法國作曲家、風琴手和鳥類學家。他認為自己是一位鳥類學家，更勝於作曲家，並相信鳥類是最優秀的音樂家，作品超過半數是鳥類圖鑑曲。〈時間終結四重奏〉是梅湘在二戰期間遭到德軍俘虜時所譜寫的曲子，並在一九四一年與戰友們進行首場演奏。

40　戈利茲原是德國最東部的一座城市，第二次世界大戰期間，納粹德國在此設立集中戰俘營，戰後分割給波蘭，成為今日的茲戈熱萊茨（Zgorzelec）。

41　克雷蒙・賈庚（1485-1558），法國文藝復興時期的作曲家，作品別出心裁，以模仿大自然的動物叫聲，尤其是鳥鳴著稱。

雖然家裡已經有一本英文版（在倫敦花了不少錢買的），我仍然無法抵擋它的吸引力。我早就知道波蘭文版的存在，但當我一頁一頁翻閱時，我知道我一定得擁有這本圖鑑。在當時這是最好的一本鳥類圖鑑，不過後來被另一本更實用且更完整的《柯林斯鳥類圖鑑》所超越。

拉爾斯·榮松這本《歐洲鳥類》可不是一本普通的鳥類圖鑑。在我眼中，我認為它更像是一個藝術品。作者精確的插圖流露出藝術的自由氣息。我完全沉浸於書中巧妙的細節、色彩的融合、閃爍的光線和嚴謹的技巧之中。非凡的運動感更是本書帶給人的第一印象。作者在序言中寫道：「每一個對小鳥的外表描述基本上就是一種詮釋（……）不論我們是多麼仔細觀察這隻小鳥，也只能表達複雜現實的其中某一部分。」話雖如此，他並沒有尋求最簡單的解決方式進行詮釋——他運用大膽的透視繪圖技巧，並讓他的主角擺出不尋常的姿態。翻開書頁，發現一隻有著扁嘴的琵嘴鴨正盯著自己瞧，這絕對是一個令人印象深刻的閱讀經驗。

所謂的優秀插圖必須要盡可能詳細、忠實且準確的描述小鳥。在大部分的鳥類圖鑑中，插圖家要不是省略背景，要不就只有在絕對必要的地方才會加上。一隻啄木鳥必須緊貼著樹幹。但是其他的小鳥往往被迫與所在的周圍環境分開，被放置在一個普通且制式化的平面上。拉爾斯·榮松的圖鑑裡的背景是我最喜歡的部分——有時輕描淡寫，有時幾乎看不出輪廓，有時則刻意加深顏色——它們本身就蘊含豐富趣味，與

鳥兒一樣是書中的主角。

　　我們幾乎可以觸摸到榮松所繪製的插圖。乾燥、多刺的灌木叢上布滿了蝸牛殼；樹枝上長滿薄薄的地衣。作者將小鳥「帶回」牠們所生長的大自然環境之中。蘆葦叢上留著兩撇鬍子的文須雀；有著兩顆黃眼睛的角鴞幾乎要與橄欖樹融為一體。榮松捕捉色彩的功力也堪稱一流：北海朦朧的水彩藍或深秋田野的陶土綠。即使是最平凡的風景在他手裡也變得生氣蓬勃。一隻紅腹灰雀雌鳥正悠閒地輕啄幾顆莓果。是黑莓嗎？它們看起來是如此簡單，簡單到似乎根本不需要，但事實上，正是它們賦予這些插圖生命力，使得一切看起來栩栩如生。

　　雖然極度欣賞榮松的作品，但我也沒有因此重拾雙筒望遠鏡，出門觀察小鳥。這是一種純粹的美學經驗。我會花一整晚的時間閱讀這本圖鑑，但這究竟還是沒能再度激發我對觀鳥的熱情。相反地，我等著小鳥主動上門。記得回到鄉下寫碩士論文時，我有一本觀鳥筆記。整整兩個禮拜的時間，我只記錄下出現在我窗前的小鳥，窗外有一片白樺樹林。總共有四十一種不同的鳥類。

　　直到幾年前我才算重新找回對觀鳥的熱情，恨不得彌補過去蹉跎掉的時光。我以一副全新的雙筒望遠鏡再度展開旅程。我高興得不得

了。我觀察附近鄰居的公寓，興奮的讀著遠處的車牌號碼。我選了一副設計經典、充氮、防霧氣、相當耐用的型號。這是一個很棒的裝備，不過有點太重。現在我會買一副放大倍率較低，但攜帶更方便和通用的望遠鏡。

接著我還買了一本先前提到，由拉爾斯·史文頌所撰寫的鳥類圖鑑，也就是俗稱《柯林斯》，這是一本內容豐富，說明簡單扼要的厚重圖鑑。插圖或許不那麼精緻，不過倒是成功捕捉到各種鳥類的特徵。另外，說明文字也不是相當有趣。將烏林鴞的外型比作汽船的通風口，似乎顯得有些過於誇張，但這也是描述鳥類的一種新嘗試 —— 少一點專業術語，多一點想像。這也是為什麼他會大膽嘗試將一隻貓頭鷹的外型與一艘汽船的局部作比較，兩者之間無疑存有某種關聯。

我也開始結交新朋友，加入新團體，參加賞鳥活動。我以新手的熱情投入賞鳥。我在戶外度過每一個春天的週末，遵循觀鳥報告內容，在鄉間四處走動。身為一輛破舊老車的車主，我還算蠻受歡迎的。我最後一次感受到一群人共享同一個目標的時刻，要推算回到高中時代了。當時，我們的共通點是學習。現在，這是一個共同的嗜好。結果證明這個熱情對你的改變是正面的。你不需要總是大步穿過森林和沼澤，但是一隻飛過面前的啄木鳥總是會吸引住你的目光。你永遠不會忽視春季造訪的第一批八哥，不會對牠們閃閃發光的美麗身影無動於衷。陌生的鳥鳴總是會令你停下腳步。你永遠不會停止觀賞。

鳥兒在唱歌
——生活與藝術中的鳥和人

Dwanaście srok
za ogon

2

Chełmoński's Hawk

赫爾蒙斯基[1] 的鷹

　　深秋，從斷崖上望去，草地依舊綠意盎然。灰鶴顯然在這裡度過夜晚，但在清晨九點鐘，我只看見幾隻鹿在乾草堆周圍追逐彼此。黃昏時

1　約瑟夫·赫爾蒙斯基（Józef Chełmoński, 1849-1914），波蘭寫實主義畫家。

分，我再度回到這片草原。我靠著耳朵尋找灰鶴的蹤跡：每隔兩百公尺左右，我便關掉汽車引擎，仔細聆聽。我先是花一分鐘觀察幾隻灰鶴，但牠們一降落陸地，便隨即消失在柳樹叢中，漸漸地，我再也聽不到牠們的吵雜聲。牠們一定是棲息在附近的某個地方。過沒多久，又飛來一大群灰鶴。這一次我不再試著追逐牠們，而是選擇靜靜觀察，直到牠們降落地面。

當太陽只剩一抹粉紅色的餘暉時，潮溼的草地變成一片灰色。天空非常晴朗，沒有半朵雲，一個寂靜的夜晚即將來臨。我朝著麥穗堆走去，收割後，這裡是草地上唯一的藏身之處。在離麥穗堆十步遠時，我發現有東西在乾草堆後方移動，接著跑出一隻飽受驚嚇的鹿。牠盯著我看了一眼，便快速跑開。每跑幾公尺，牠就會像非洲羚羊那樣高高跳起。黃昏的麥穗堆仍然非常的溫暖，我舒服的躺在上面，接著便看見一大群至少有上百隻的灰鶴。牠們並不是安靜地佇立著，而是發出響亮的鶴唳聲，呱呱、咕咕、呼呼……。草地上還傳來田鷸的嘀咕聲，有時其中一隻還會突然往上飛，並以曲折方式從我面前飛過。雙筒望遠鏡裡的影像十分清晰，我可以看見長長的鳥喙，直到牠消失在夜晚的黑幕中。

陸續又從東方飛來十幾隻灰鶴。牠們從高空中呼喚，馬上就收到同伴來自草地的回應。這代表牠們已獲得著陸許可。這一小群鶴先是在空中繞了一小圈，便隨即向下俯衝，接著放下細長的雙腳，就像飛機降落時那樣。牠們在模糊的照片上看起來就像是一隻隻碩大的巨蚊。

此時黑暗的天空中出現更多的鳥兒。一如前次那般，地面上的灰鶴歡欣鼓舞地邀請空中的同伴。這時我們也可以發現存在於灰鶴社會裡的階級制度：最不重要的族群總是處於最邊緣地帶。這同時也是最危險的位置，容易遭受敵人攻擊。因此，處於邊緣的族群必須時時刻刻保持高度警覺，注意可能的威脅。相反地，位於中心位置的就是團體中最重要的族群。

　　鶴群漸漸安靜下來，有好幾分鐘的時間我只聽到幾聲輕輕的低沉叫聲。牠們大部分都已經將自己的頭藏進翅膀中了。突然間，團體中掀起一陣騷動。只見十隻灰鶴一邊發出怒吼聲，一邊飛向天空。過了一會兒，大約又有十來隻灰鶴彷彿在經過一番思考之後，最後決定加入離開的行列。這個景象令人聯想到一隻不滿現狀的小鳥，先是向接待的主人大肆埋怨一番，然後忿忿不平的帶著家人飛離。一隻心懷不滿的灰鶴以及牠忠實的親戚。再來才是牠那有些猶豫不決的好友們。這些分裂主義者最後在鄰近的原野上降落。很明顯的，灰鶴世界中的確存在一個相當複雜的社會階級制度，不過我不確定牠們是不是很容易就感到被侮辱，又是否對自尊過於敏感。

　　剛剛那隻鹿不再擔心受怕，現在牠和其他同伴在離我幾公尺外的地方自在地走動。夜晚即將降臨。優雅的灰藍色天空也漸漸地暗沉下來，變成一片藏藍夜幕。寂靜之中傳來一聲巨響，紅色閃電在空氣中劃出一道閃光。我想只有人類才會表現得如此不雅與粗魯。黑暗中，受到驚

嚇的鴨群紛紛飛離，緊張的呱呱聲和急促的翅膀拍動聲說明了牠們的恐懼。在離我身旁不遠的地方仍然可以聽到輕輕的鹿蹄聲，但是已經看不見牠們跳躍的白色屁股了。我不想被誤認為是隻睡在乾草堆裡的野豬，因此起身慢慢離開這片草原。

　　我一直很喜歡約瑟夫・赫爾蒙斯基，大自然在他的畫中顯得樸實無華卻生動活潑。藝術史學家揚・韋格納（Jan Wegner）[2] 曾經如此寫道：「他以對形狀與運動非凡的記憶，高度的敏感度以及對大自然直接卻親密的接觸能力著稱。」赫爾蒙斯基很早就展露出自己的才華，但是那幾幅風格傳統、色彩單調的初期油畫並沒有什麼特別之處。一八七〇年，這位當時才二十一歲的年輕畫家創作出一幅名為〈飛離的鶴群〉的油畫——在一片幽暗的秋天原野上，一群起飛的鶴。赫爾蒙斯基描述鶴群在飛翔時的不同階段：有些早已經消失在清晨的迷霧中，有些才剛要起飛。一

2　揚・韋格納（1909-1996），波蘭藝術史學家。

隻站在原地，一動也不動，孤獨的鶴注視這一幕，牠的一隻翅膀靜靜地往下垂。對牠而言，旅程已經結束。在這幅畫中已經可以看出「青年波蘭」（Young Poland）³ 現代主義運動的精髓，或許這仍屬於浪漫時期？令人感到傷感且不安。這幅作品在當時獲得許多讚賞。評論家認為赫爾蒙斯基「不受拘束地呈現真實」。

那又有什麼關係呢？赫爾蒙斯基師承沃伊切赫・格爾森（Wojciech Gerson）⁴，許多年來都在貧窮中度過。在朋友們的幫忙下，他得以從食堂中偷偷帶幾片麵包回家。儘管生活貧困，他卻意志堅定。他從肉鋪要來了一隻馬腿，反覆仔細研究它，整間畫室瀰漫著濃濃的腐肉惡臭味。最後在室友的抗議下，他才扔掉那條腐爛的馬腿。

一八七一年，他前往德國慕尼黑，那裡不但居住著許多波蘭畫家，更有許多他可以學習的對象。比如，對哥薩克民族非常癡迷的約瑟夫・伯蘭特（Józef Brandt）⁵，善於描繪戰爭場景的優利葉斯・科薩克（Juliusz Kossak）⁶，以及才華洋溢卻英年早逝的馬克西米利安・吉爾姆斯基（Maksymilian Gierymski）⁷。當時有許多藝術家都參與「一月起義」⁸，或許這也是他們的作品中常出現灰色的軍裝和灰暗憂傷的風景的原因。但是，赫爾蒙斯基並不喜歡慕尼黑的生活，他想念波蘭與熟悉的景色。在一次偶然的機會，他發現一座被遺棄、蕁麻叢生的花園，內心深受感動。在一封給他老師格爾森（Gerson）的信中，他表達深深的惋惜：「在波蘭每一件事都不一樣，不一樣，不一樣。」

他決定動身前往巴黎，在這之後，他才真正嘗到成功的滋味。著名的藝術經銷商爭相收購他的畫作，收藏家無不被他那冷冰冰的冬季鄉村風景以及馬佐夫舍地區（Mazowsze）[9]農民飽經風霜的臉龐所深深吸引。赫爾蒙斯基開始依據潛在買家的喜好作畫。很不幸地，經濟上的成功往往代表著創作上的貧乏。他重複繪製受歡迎的相同主題，直到自己精疲力盡為止。他的朋友們極度擔心他的才華會因此遭到扼殺。一八八六年，他創作了一幅名為〈大鴇〉的傑作。但是，《麥穗週刊》（Klosy）[10]的藝術評論家對此卻不買帳，不以為然地寫道：「一幅單調乏味、色彩灰綠、雜亂無章的油畫，據說是描繪草原上的大鴇，實際上卻空洞無比，毫無內涵可言。」

3　「青年波蘭」，二十世紀早期許多波蘭作家受到當代西歐浪漫主義和象徵主義的啟發，試圖重振波蘭文學中不受約束的情感和想像力，這股運動也擴展到其他波蘭藝術。

4　沃伊切赫‧格爾森（1831-1901），十九世紀波蘭重要畫家，也是寫實主義畫派的代表人物之一。他以愛國主義的歷史畫和波蘭鄉村景觀畫在波蘭受到極大的敬重。

5　約瑟夫‧伯蘭特（1841-1915），波蘭畫家，慕尼黑畫派的代表人物之一，作品以描繪戰爭而聞名。

6　優利葉斯‧科薩克（1824-1899），出生於奧地利的波蘭畫家，是波蘭戰爭場景歷史畫派的先驅。

7　馬克西米利安‧吉爾姆斯基（1846-1874），波蘭畫家，也是慕尼黑畫派的代表人物之一，擅長水彩畫。

8　一八六三年一月，俄國沙皇統治下的波蘭人民發起的一場反俄的起義，當時約有四十位年輕藝術家加入，困頓的軍旅生活以及抗爭經歷深深影響了他們的想像力和作品的本質。

9　馬佐夫舍地區位於波蘭中、東北部，該區擁有特別的文化，尤其是傳統服飾、民俗歌謠、建築和方言。

10　《麥穗週刊》，一八六五年創刊，是一本專門探討文學、藝術、社會文化的畫報週刊。

　　清晨時分，秋天的草地上覆蓋著一層白霜。迷霧中，一群溼漉漉的大鴇正在地上歇息，同時整理自己身上的羽毛。完美的觀察細節結合渾然天成的鳥類輪廓。大鴇是非常容易受驚的鳥類。赫爾蒙斯基是如何設法成功靠近牠們的？《麥穗週刊》的評論家犯了一個錯誤：這根本就不是一片大草原。畫家的女兒婉妲（Wanda）回憶，事實上他的父親當時是在凡爾賽附近的默東（Meudon）[11] 觀察大鴇的。「空洞無比，毫無內涵可言」的指控也與事實不符——這幅作品成功演繹不受人類和文明世界打擾的大自然。

　　〈大鴇〉總共有兩個版本。晚期的版本比較著名，現在收藏於華沙國家博物館內。另外一幅色彩較明亮，描述負責守夜的大鴇以及其獨特的站立姿態，則收藏於拉齊約維切（Radziejowice）[12] 的赫爾蒙斯基博物館。〈大鴇〉獨樹一格，不同於之前所作那幾十輛相同的馬車、深陷溼雪中的雪橇、圍著紅頭巾的農婦以及頭戴裘皮帽的農夫。一八八七年他決定告別毫無原創力的生活，返回波蘭。兩年後，他在位於馬佐夫舍一個名為庫克魯夫卡（Kuklówka）的小村莊，買下了一座落葉松蓋成的莊園。

　　有時候載滿一日疲憊的晚霞，看起來卻像極了清晨天空中的一抹紅暈。然而，兩者的光線是完全不同的。抵擋不住加油站稀如水的咖啡，

我放棄原本打算在天色還黑的時候停在原地的計畫。一隻鷸靜悄悄地從我身後昏暗的地方飛了出來，並在離草地約一公尺高的地面輕輕滑行。散亂的乾草堆裡隱約出現鹿的身影，此時卻不見灰鶴的蹤影。也許牠們還在地面上棲息著，只有日出時才會飛出？潮溼的草地上還結著一層白霜。田鷸在我腳邊飛起，憤怒地發出「襲剋、襲剋」[13]的叫聲。附近某處傳來我所熟悉的叫聲，原來灰鶴就棲身在雜草叢生的排水渠的另一側。但我沒有辦法穿著雨鞋，手握著雙筒望遠鏡跳到另一邊。再說，我可不想在寒冷的十一月，穿越黑暗的冰水。我得再想一個更好的辦法。

在這些形狀完美的乾草堆間，鹿群們正安靜地吃著草。現在牠們又再度抬起頭來，並草草地看了我一眼。我身上似乎沒有散發出危險的氣息，我的雙筒望遠鏡看起來也不像獵槍，所以過了一會兒牠們又繼續專心地吃草。晨霧中，陽光環繞在我身旁四周。沿著動物走過的路往前走，我能聽到灰鶴就在我的附近。此時眼前又出現另一條陰暗又汙濁的排水渠。如果沒有這條排水渠，一整年這片草地都會遭受洪

---

11 默東，法國中北部的一座城市，離凡爾賽宮約十公里遠。
12 拉齊約維切，馬佐夫舍省的一個村莊。
13 田鷸在波蘭文又稱「Kszyk」，與其叫聲意音皆同。作者更巧妙傳達名字背後的另一層意義：「襲擊」。

水的侵襲。不過我想小鳥應該不會介意這件事。原本的咕噥低聲，現在已經可以分辨出其中的差異，有的是呼呼啼囀，有的是咕嘟咕嘟。躡手躡腳走兩步，突然在枯萎的蘆葦桿間，終於見到牠們那明亮又細長的身影。至少有一百隻灰鶴在蘆葦叢後歇息。相機的自動對焦功能被這一片蘆葦草幕阻擋在外。

　　我又往前走近一些，這時牠們感覺有人注意到自己的動靜。完了，什麼都別談了。牠們隨時都會飛走。蘆葦叢後散發出一種緊張的凍結感。我試著往後退，卻笨手笨腳地踩到一根樹枝，樹枝應聲折斷。一秒鐘的寂靜，整群灰鶴一邊發出震耳欲聾的叫聲，一邊展翅飛走。我急忙蹲下身來，希望牠們只是會在天空盤旋一圈，馬上就會再飛回地面。但是，這是不可能的——牠們肯定會飛走。至少有兩百隻或甚至更多。一開始牠們混亂無章的擠成一團飛行，不過很快地，牠們就形成一個拉長的複雜象形文字隊形。或者也許這是某個陌生文字的一個完整句子？令人感到欣慰的是，離我幾公尺遠的地方，兩隻藍色翠鳥一邊發出刺耳的叫聲，一邊從我面前飛過。其中一隻停在一根乾枯的蘆葦桿上，就像出現在梵谷那幅小畫中的翠鳥一樣[14]。

　　黎明破曉時分，粉紅色的雲彩，鳥兒在第一道曙光中慢慢甦醒。

鶴群身在有點逆光的地方，因此顏色看起來比實際上還要黯淡許多。眼睛後方的白色條紋與頭頂鮮紅色的羽毛形成一個不明顯的對比。沿著諾特奇河（Noteć）[15] 的草地上，一九一〇年的〈迎接太陽・鶴〉[16] 正在現場演出。

回到波蘭後，赫爾蒙斯基徹底改變自己的創作風格。他不再畫那些馬車和白雪覆蓋的茅草屋前的農村風景。他屏棄那些帶給他財富和名氣的主題。他甚至放棄原有的色彩風格，隨著時間的流轉，他的作品變得越來越明亮，越來越溫和。定居在庫克魯夫卡的他，幾乎只畫風景和動物。離婚後的他，性格變得有些古怪，並成為宗教狂熱的犧牲者。

琵雅・戈斯卡（Pia Górska），鄰居的女兒，同時也是赫爾蒙斯基的學生，有一段關於這位畫家的有趣回憶。她第一次見到這位大師時，是在一場彌撒中，當時只見他淚流滿面正在禱告。她回憶道，「他身上有種野性氣息，個性多疑，因此很難與其他人相處。」赫爾蒙斯基會突然

14　文森・梵谷（1853-1890），荷蘭著名印象派畫家，一八八六年他在巴黎以《翠鳥》為題，創作一幅小幅油畫，大小約 27x19 公分。

15　諾特奇河位於波蘭中部。

16　赫爾蒙斯基在一九一〇年所創作名為〈迎接太陽・鶴〉（*Powitanie słońca. Żurawie*）的大型油畫作品。

中斷拜訪行程，因為他必須要回家看家裡的鸛鳥。他總是說著冗長且不著邊際的怪言怪語。從這些軼聞或趣聞中，可以看出赫爾蒙斯基的個性，就是那種通常會被巧妙描述為是一個古怪的人那樣。他不擅長與人相處，但是人們總是會原諒偉大藝術家這類雞毛蒜皮的小事。不論是琵雅、她的父母、鄰居和當地的農民，他們全都一致認同赫爾蒙斯基是一個不凡的人。

「我寫這本真誠且非文學性的回憶錄有兩個原因，」琵雅在她書中的前言裡寫道：「首先，我喜歡談論並思考赫爾蒙斯基。其次，我相信很少人有榮幸能夠與這樣一位出類拔萃的大師相處，而且人們常說不應該白白浪費這樣的特殊待遇。」一次在拜訪位於沃拉・佩科謝夫斯卡（Wola Pękoszewska）[17] 的戈斯卡家時，赫爾蒙斯基被拍下一張照片：一個留著大鬍子的男人心不在焉地望著遠方。一隻手放在身體一側，另一隻則托著下巴。這不是一個經過深思熟慮的姿勢，但是絕對是一個深思熟慮後的真實反應。

「你看這一片滴著露水的草原，」他向琵雅解釋道：「看起來好像沒什麼特別之處，但要描繪這樣的平淡，卻是非常困難。人們都是笨蛋！他們認為只有跪膝向上帝禱告的人才是忠實的信徒，我說為這一片滴著露水的草原作畫，更顯得忠誠。」這位畫家頭戴農家草帽，走在鄉間。他觀察植物的外觀、動物的行為、太陽的反光，及春天草地和秋天樹葉的顏色。他的記憶力十分驚人。他仔細研究事物的細節。他會用鉛

筆勾勒水鳥的輪廓，並且寫下非常專業的說明文字：川秋沙、鳳頭潛鴨、尖尾鴨、斑背潛鴨。他在一八九一年創作一幅名為〈麻鷺〉的畫，畫中精心描繪一隻有著迷彩般羽色的鳥，正飛過一片淹水的草地。這幅油畫的構圖並不複雜——位於畫中央的主角以及一片被水淹沒的草地。這可能是在中午時刻吧。天空的色彩並沒有什麼特殊的地方，也沒有充滿戲劇性的黯淡雲彩。整幅畫沒有特別引人注意的地方。畫名說明了一切。

　　同年赫爾蒙斯基創作另一幅名作〈雪地上的鷓鴣〉（*Partridges in the Snow*）。同樣地，一切都在畫名之中。一群焦躁不安、飢餓的鳥成群飛過一片白雪覆蓋的荒原。複製畫通常無法成功捕捉原作那極致微妙的半色調。其中一隻鳥警覺地環顧四周。地平線消失在淺灰色的薄霧之中，幾乎與天空的色彩融為一體。又是一幅展現細節的傑作。離觀察者最近的鷓鴣，牠們的翅膀上有紅色的斑點；背景中俯身的鳥隻則消失在迷霧裡。人們認為深思熟慮的赫爾蒙斯基是介於寫實主義畫派和印象畫派之間的畫家——雪地裡的鷓鴣就是我們，被艱苦的生活所壓垮的人們。然而，我在這幅畫中所觀察到的是畫家對大自然的仔細觀察和深刻理解。

---

17 沃拉・佩科謝夫斯卡，位於波蘭中部的一個村莊，離華沙約六十公里。

沒有必要對一幅如此出眾的作品做出更多的讚美，賦予它額外的重要意義只不過是多餘的累贅。赫爾蒙斯基又陸續創作〈紅冠水雞〉（The Moorhen）、〈小辮鴴〉（Lapwings）和〈獵松雞〉（Hunting Capercaillie）。〈松鴉〉（The Jay）描繪冬季時，一隻松鴉從白雪覆蓋的松樹上，踩下雪花的畫面。一八九九年，他創作一幅名為〈鷹：晴天〉（The Hawk: Fair Weather）的畫。這個作品彷彿與亞當・米茲凱維奇（Adam Mickiewicz）名為《塔杜伍斯先生》（Pan Tadeusz）[18] 的史詩作品相呼應：「在他處一隻展翅高飛的鷹／像極了一隻被釘住的蝴蝶。」赫爾蒙斯基非常欣賞米茲凱維奇。如果我說他們兩個描述的是兩種不同的鳥類，這也不會削弱身為偉大詩人和傑出畫家的天賦才華。米茲凱維奇筆下的鳥應該是隻鵟鷹或紅隼：兩隻鳥類同樣都在草地上盤旋，尋找獵物。赫爾蒙斯基的鳥類則比較有可能是燕隼：深褐色的頭部，細長的翅膀和紅色的下尾羽。我們很少能近距離觀看到這類猛禽，因此在大部分人的眼中，這些全都被稱為「鷹」，關於這一點也就不足為奇了。

　　在一個陰沉炎熱的夏日，我在清晨七點過後，抵達庫克魯夫卡。雲朵彷彿終於下定決心，隨時準備下起一場期待已久的大雨。一排林蔭大道提供清楚的提示，指引旅人找到路上看不到的莊園。但是，路標上卻

寫著：「私人道路」、「農場」、「私人地產」。我繞著一個小庭院走了幾圈，壯觀的橡樹和椴樹樹林間，兩隻混種狗發出震耳的吠叫聲。落葉在腳下輕率地沙沙作響。右邊是一片金黃色的麥梗。院子的遠處有一片空地，緩緩下坡，盡頭是一片檀木林。在樹林間某處有一條名叫「皮希夏」的小河。

我在空地旁坐了下來，一隻隱身在橡樹低矮樹枝間的鶲正等待飛過的蒼蠅上門。牠先是急速往上衝，接著在天空中盤旋片刻，最後再度飛回原處。我在心中一一仔細記錄下各種鳥類。高處一隻烏鴉正嘎嘎叫個不停，遠方則傳來鶴群的啊啊呼喚聲。一隻不見蹤影的啄木鳥正使勁地大力敲啄某棵樹。在這一片令人感到窒息的寂靜中，這樣的聲音顯得格外刺耳，就像一個年紀大點的人正用力敲打著電腦鍵盤似的。就在我起身準備離開時，兩隻小鹿從檀木林間跳了出來。牠們像孩子般那樣在草地上互相追逐了好一會兒。同時一隻充滿警覺性的母鹿正站在樹林邊，

18 亞當・米茲凱維奇（1798-1855），波蘭浪漫主義代表性詩人之一。《塔杜伍斯先生》（1834），通過兩個虛構的波蘭貴族的家族世仇，描述十九世紀初波蘭上流階層的紳士生活，詩中傳達在古老的社會風氣中，騎士精神仍扮演著相當重要的角色，代表著法國皇帝和受他指揮的波蘭軍隊是他們唯一可以從俄羅斯統治中解放的希望。

謹慎地觀察這片區域。我一動也不動地站在赫爾蒙斯基莊園旁觀賞這一幕。

地平線上出現一個年輕男孩，手裡牽著一頭公牛，母鹿一見馬上消失得無影無蹤。母鹿發出無語的抗議聲，嗯啊……嗯……嗯啊。一支鐵樁被大力敲進地裡，發出極大的金屬鏗鏘聲，過了一會兒後，只見那隻公牛悠閒地吃著草。那個男孩沒有朝我的方向看就離開了。天空開始下起雨來。我沿著小路走回車上。車子就停在附近居民為赫爾蒙斯基所豎立的紀念碑旁，上面刻著「波蘭鄉村偉大的畫家」。柏油路上有隻紅色的尾巴，這是一隻被碾死的松鼠唯一遺留下來的東西，彷彿是紀念自己死亡的紀念碑似的。

赫爾蒙斯基的藝術家好友斯坦尼斯瓦夫・維特凱維奇（Stanisław Witkiewicz）[19] 曾經這樣描述過他：「大自然以其各種表現形式吸引著他敏感的心靈。他不僅僅只對形狀、色彩和光線感到著迷！他努力表達夜晚的音樂：蝙蝠翅膀的低語、夜鷹輕柔的飛行、青蛙的呱呱夜鳴、秧雞響亮又刺耳的嗝嗝叫聲，遠處麻鷺低沉的隆隆迴音……一群蚊子在空氣中發出嗡嗡聲，像子彈般一邊快速飛過，一邊轟轟叫的金龜子；他是第一個，應該也是唯一一個描繪這些聲音景象的畫家。他想讓風在他畫中

乾枯的向日葵花莖上呼呼地吹過，讓雨滴滴滴答答地打在窗戶上，讓水桶發出快速的噹啷滾動聲……在他的畫作中，從濃霧中可以聽到遠處傳來的郵件鈴聲，嘟噥聲迴盪在薄霧瀰漫，沉睡中的草原上，並喚醒睡意朦朧，溼漉漉的大鴇鳥。」

　　一八九八年。兩隻高雅又威風的天鵝滑過拉齊約維切池塘[20]的水面。從池岸邊可以瞥見遠處克拉辛斯基斯家族（Krasiński）小城堡[21]的塔樓，這是一個在波蘭軍事和藝術歷史上舉足輕重的一個家族。在清晨的薄霧中，看起來雖然有些模糊，但陽光早已灑滿整座城堡。這座城堡，或更確切的說，是旁邊那棟壯觀的莊園，現在是約瑟夫・赫爾蒙斯基博

19　斯坦尼斯瓦夫・維特凱維奇（1851-1915），波蘭畫家、作家和藝術理論家，也是「扎科帕內風格」（Zakopane Style）建築和室內風格的創始者。他與赫爾蒙斯基同是慕尼黑畫派的畫家，並共同建立波蘭第一個自然主義團體，擁有共同的畫室。

20　拉齊約維切（Radziejowice），離赫爾蒙斯基莊園約六公里遠，皮希夏河流過當地，附近的池塘是重要的賞鳥地區。

21　卡基米耶斯・克拉辛斯基（Kazimierz Krasiński, 1725-1802），曾經擔任皇家法庭元帥。他在與第三任妻子結婚時，這座城堡和拉齊約維切王宮成為她的嫁妝，此後便屬於克拉辛斯基斯家族的財產。

物館的所在之處。整座建築物維持得美輪美奐。一對年輕夫妻正在陽台上擺姿勢拍照。在博物館裡，我有種隨時會被趕走的感覺：「十分鐘後再來，準時回來。」我在外面閒晃了好一會兒，同時售票櫃檯的那位女士也終於結束她的談話。她剛剛是在跟某人解釋，有幾位波蘭鋼琴家在美國教師的指導下，為了參加蕭邦鋼琴大賽來到這裡練琴。每個人都踮著腳尖輕輕走，深怕發出一點吵雜聲。我得在第一個房間等候，之後有人會帶我上樓參觀。

　　我坐在一盞未打開的燈旁，雙眼凝視著那幅一八七七年所繪製的〈小酒館前〉（*In Front of the Inn*）畫裡的泥濘道路。畫中早春的空無感在這間昏暗的房間裡顯得更加壓抑且憂傷。隔壁掛著的是〈大鴇〉。近距離觀看，畫中那隻坐在地上的大鳥正用牠那金黃色的眼睛看著我。帶我上樓的女士邊走邊提醒我動作要快點，不要逗留太久，因為我參觀的時間只有一個小時。在我觀賞〈耶穌受難日〉[22]的同時，門後傳來一首蕭

22　〈耶穌受難日〉（*Good Friday*），於一八七二年繪製。

邦的夜曲。相較之下，現在〈小酒館前〉看起來可以說是相當明亮開朗。至少畫中的人物是愉快的，一群喝醉的群眾、一個跳著舞的老人以及頭繫著紅巾的農婦。相反地，在〈耶穌受難日〉中，只見一輪黯淡的新月，赤褐色草地上乾枯的麥稈，四周一片死寂。另外還有一列前往教堂路上，看起來陰鬱的人群。語音導覽以崇高的語氣，重複提及這幅畫是多麼的「充滿情感遐想」。

一九〇八年所創作的〈沼澤金盞花：春天〉（*Marsh Marigolds: Spring*），色彩明亮且光線充足，這也是他大部分晚期作品的特色。五月一片鮮黃的草地，晴空萬里，「一對送子鳥為這幅作品帶來寧靜感」，語音導覽如此解釋。不過只要稍微看一眼那又寬又圓的翅膀和又黑又短的脖子，就可以發現這幾隻鳥根本不是送子鳥。藝術史學家並不會對鑑定鳥類這件事感到過度操心。這對有著黑白兩色羽毛，在空中翻滾的鳥其實是小辮鴴。曾經見過牠們瘋狂飛行畫面的人，就會了解這和送子鳥端莊的滑翔方式有著天壤差別。小辮鴴以及牠們與生俱來的獨門飛行技巧是展現春天生命與活力的極致典範。出現在赫爾蒙斯基畫中的小鳥從來就不是純屬巧合的。出現在他精心設計的場景與完美捕捉的動作中的，總是一些經過特別挑選過的鳥類。

我想再前往庫克魯夫卡一次。我想像赫爾蒙斯基那樣，觀看點綴在草地上如星星般閃爍的朵朵藍色菊苣，但是我真的得好好看看這棟房子。一隻北雀鷹原本在收割完後只剩麥穗殘桿的田地上巡邏，此時正被一群尖聲鳴叫的燕子包圍著。同時狗也大聲吠叫發出警告，屋裡走出一個女人，我跟她解釋如果自己沒走進來看看這棟房子，將會感到十分遺憾。從她的寬肩膀和歡迎的姿態看來，我知道我不是第一個這樣做的人。這棟莊園看起來像是個小木屋，有著人字型屋頂和整面玻璃窗的門廊，在花園邊上另外有間獨棟小屋。深色的落葉松沐浴在午後溫暖的陽光中。從花園望向遠處，可以看見一片橙木林，森林後方是一棟醜陋的橘色大房子。這個女人看穿我的心思。她開口說：「赫爾蒙斯基看到了完全不同的東西。以前這裡還有幾座池塘。他會走出屋外，然後馬上就可以畫出他的紅冠水雞。」

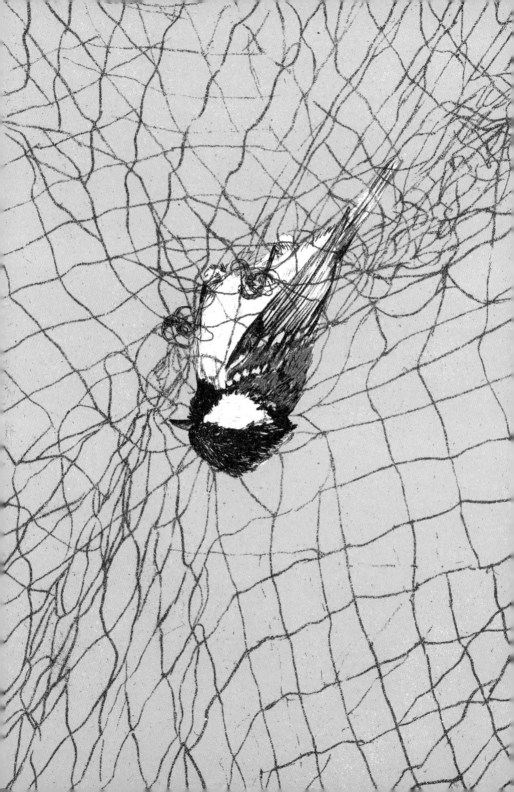

3

A Sap-Scented Coal Tit

散發松脂香氣的
煤山雀

夏天接近尾聲時，燕子在餵養幼鳥後，會成群飛離牠們築在房屋牆上的巢穴。牠們會聚集在電纜線上，到了傍晚時，全都擠滿在蘆葦叢中，同時嘰嘰喳喳的叫個不停。然後某一天早晨，牠們會全部離開這裡。好

幾個世紀以來，人們一直想不透那些一夕之間消失蹤影，只有隔年春天會再度出現的小鳥，究竟經歷過些什麼事。關於這件事，存在許多理論。亞里斯多德（Aristotle）認為燕子和鷹會躲進洞穴中，並在那裡度過寒冬，直到溫暖的春天將牠們喚醒後，才會再度飛回來。人們甚至懷疑杜鵑會在冬天變成雀鷹。

十六世紀烏普薩拉大主教（Uppsala）烏勞斯‧馬格納斯（Olaus Magnus）[1] 則深信燕子根本就沒有離開原處，相反地，牠們從蘆葦叢上直接潛進水中，並在那裡度過夜晚。牠們在那裡擠成一團，並緊緊靠著彼此，等候隔年春天的來臨。春暖花開時，牠們便會離開水中，回到陸地開始重新築巢。據說漁夫曾在寒冬時，在水中捕獲到虛弱無力的燕子。一些經驗老道的漁夫會把牠們扔回水中，相信暖身過的燕子會飛離，但是其實過不了多久時間，牠們就會死掉。不論是基於什麼原因，有很長的一段時間，這位大主教的理論確實顯得很有說服力。英國解剖學家約翰‧杭特（John Hunter）[2] 將燕子關在一個種滿蘆葦的溫室裡，室內中央放置一個大水缸。奇怪的是，燕子甚至沒有靠近水缸半步。一七七三年，義大利學者曾經做過燕子在水中可以存活多久的實驗，結果證明時間確實不會很長。

然而，人們早就知道鳥類會遷徙這件事。最早在十三世紀中期，德意志皇帝弗里德里克二世（Frederick II）在他的《論鳥類狩獵的藝術》（*De Arte Venandi cum Avibus*）[3] 一書中，就已經有關於鳥類遷徙相當驚人且仔細

的記載——鳥類的遷徙跟季節變換，入秋天氣逐漸變冷，且不易覓食有所關聯。他也已經知道有些鳥類會沿著海岸線遷徙，有些則會沿著河谷，以及某些特定鳥類會在夜間飛行，有些則是在白天。另外，他也觀察到鳥類有分成群團體遷徙，有些則是單打獨鬥，進行自己的旅程。如果這位大主教早已對這些有所認知，那麼為什麼在五百年後，科學家們仍然還在淹死燕子？

在波蘭東部的波德拉謝省（Podlasie），雪已經堆到及膝的高度。華沙有融化的泥雪漿，同時位於波羅的海海岸的博美尼謝（Pomorze）地區[4]，當地的田野已經淹水，並夾雜著去年殘留下來的草梗。看來有點像是

1　烏勞斯·馬格納斯（1490-1557），瑞典天主教大主教。他最有名的著作是《北方國家的歷史》（*Historia de Gentibus Septentrionalibus*），記載關於斯堪地納維亞地區的習俗和民間傳說，以及海洋科學等知識，包括一張當時最準確的北歐地圖和斯堪地納維亞半島地圖。
2　約翰·杭特（1728-1793），英國著名的外科醫生、科學家和解剖學家。
3　德意志皇帝弗里德里克二世（Frederick II, 1194-1250），透過自己的觀察和實驗，於一二四〇年撰寫《論鳥類狩獵的藝術》。
4　博美尼謝，波羅的海南方的一個歷史區域，位於現今德國和波蘭的北部。

十一月下旬的天氣捲土重來的態勢。鹿在空曠的地方漫步，腳下濺起水花，旁邊還有狂野的灰鶴。開往西北部海岸小鎮東布基（Dąbki）的巴士上空無一人。淡季度假勝地的憂傷。大半的商店都沒有營業；遊樂場上破舊的銅幣式紅色跑車和裝有音樂盒的粉紅小馬，全都凍結在冬眠之中。陽光從樹林後面照射進來，像是透過百葉窗似的，在馬路上投下影子，只不過並沒有留下一絲溫暖。一群耀眼的天鵝飛過湛藍的天空。

一隻待在巢穴裡的歐亞鴝。牠靜靜地看著我，默默接受牠認為即將到來的結果，一切聽天由命。只有偶爾才會嘗試輕啄迫害牠的人，但是像這樣專門捕捉小昆蟲的小鳥嘴，在人類的手上並沒有造成任何的影響。一隻大斑啄木鳥則是一個完全不同的故事。牠帶著憤怒和對死亡的輕蔑，奮力一搏。牠強而有力的爪子就像彎針一樣，輕易就可以戳刺皮膚。牠的鈍喙敲擊手指頭的方式就像牠敲打木頭一樣，造成不深卻疼痛的傷口。牠不斷地發出刺耳的叫聲，害怕又憤怒的叫著。或者舉山雀為例，牠們雖然看起來頗不起眼，但卻會在指尖和手部的柔軟部位留下深深的刺痛感。牠們知道如何完美擊中最脆弱敏感的地方。

這就是為什麼一隻溫順的歐亞鴝是一個好的開始。「把一隻鳥從牠的巢穴裡移開，就好像幫一個小小孩脫掉身上的毛衣一樣」，優絲蒂娜（Justyna）如此寫道。一隻手握住小鳥，另一隻手則避開羽毛和細腳，翅膀就會屈服你的動作。動作果斷但謹慎。小心纖細的鳥腳，牠們比火柴棒還要細，還有那粗糙的淡色腳爪。握著牠們的關節。畢竟腳是歐亞鴝

身上最脆弱的部位。牠可不是你的合作夥伴，你無法說服牠與你好好合作。牠一定會想盡辦法掙脫束縛。你越是把牠往自己的方向拉，牠越是盲目地拚命掙扎，越是把自己困在巢穴之中。

　　根據傳說，第一個有關鳥類遷徙的證據發生在一二五〇年，一隻燕子的腳上被綁著一張羊皮紙，上面有熙篤會修士（Cistercian monks）[5] 早先所寫的信息。據說這隻燕子捎來來自亞洲的答覆。在波蘭也發生一個幾乎一模一樣的故事。某個貴族在一隻鸛鳥的脖子上綁了一塊牌子，上面寫著自豪的題詞：「這隻鸛鳥來自波蘭」（Haec ciconia ex Polonia）。春天時，他收到對方禮貌的回信：「印度將波蘭人的鸛鳥送回，並附上答禮」（India cum donis remittit ciconiam Polonis）。

5　熙篤會（Cistercians）是一個天主教修會，起源於法國，教規森嚴，嚴守靜默的隱修生活。

　　有時候會發生這樣的事。獵人會將他們捕捉到、但為沒有受什麼傷的小鳥套上鐵腳環，上面會有日期和獵人的紋章。據說在一六七七年國王揚三世索別斯基（Jan III Sobieski）[6] 曾經捕獲一隻三十年前國王拉迪斯勞斯四世（Ladislaus IV）[7] 握在手裡的蒼鷺。類似的故事也發生在歐洲的其他地方。這隻蒼鷺最後以榮耀波蘭國王之名被放生。當時還沒有人想過要研究牠的習性。為鳥套上腳環也純粹是出於無聊。其中一個著名的例子——在法國大革命期間，有一個貴族為了躲避憤怒暴民的攻擊，於是將一個銅環套在一隻燕子的腳上。據說這隻鳥連續三年都飛回同樣的地方。

　　性情古怪的丹麥教師漢斯‧克里斯安‧科尼利由斯‧莫騰森（Hans Christian Cornelius Mortensen）[8] 被公認為是現代「套腳環」之父。根據鳥類學家和作家尼爾斯‧奧托‧普魯斯（Niels Otto Preuss）的說法，莫騰森為了節省買筆記本的錢，會將觀察結果記錄在訂在一起的黃色小卡片上，因為他認為黃色對小鳥而言比較不刺眼。一八九〇年莫騰森首次將鋅製鐵環套在兩隻八哥的腳上。然而，實驗結果證明這種金屬過於沉重，因此他換成鋁製腳環，並在鋁環上刻上「維堡」（Viborg）（這是他當時居住和進行實驗的城市）[9] 和連續編號。他將這些鋁製腳環放在裝滿沙子的鐵罐裡。當年他的學生必須隨身攜帶這種鐵罐並四處走動，如此一來粗糙的沙子便可以將原本鋒利的鳥環邊緣磨平。透過裝設有自動關閉機制的箱子，他總共捕捉到一百六十五隻八哥，並成功替牠們套上腳環。

多年來，他運用同樣的方式為其他各種不同的鳥類套腳環。其他科學家很快就對莫騰森的方法產生興趣。一九〇三年，第一座研究鳥類遷徙的觀察站在位於庫爾斯沙嘴（Curonian Spit）的羅西騰（Rossitten）[10] 成立。

在帳篷餐廳裡，普通的小雨感覺起來就像一場傾盆大雨。雨滴像是敲鼓似的打在拉緊的帆布上，雨聲迴盪，瞬間變成單調的隆隆聲。雨天時，巡視工作要儘量維持與平時一樣兩次的頻率。匆促是必要的。當小鳥停留在雨天的樹枝上時，牠們會將自己的頭埋進肩膀裡，雨滴會順著

6　國王揚三世索別斯基（1629-1696），十七世紀中葉成為波蘭國王和立陶宛大公，以擅長指揮軍事行動聞名。
7　國王拉迪斯勞斯四世（1595-1648），一六三三年成為波蘭國王，被公認是成功的軍事家，並保衛波蘭阻絕外國的入侵。他也是一位著名的藝術贊助人，特別喜愛音樂和戲劇。
8　漢斯‧克里斯安‧科尼利由斯‧莫騰森（1856-1921），丹麥教師和鳥類學家。他是第一位將「套腳環」（Bird ringing）運用在鳥類研究的人。「套腳環」指的是將一個標有日期和編號等資料的金屬牌或環套在鳥的腳上，以利於追蹤和研究鳥類的遷徙活動和生活習性。
9　維堡，位於丹麥中部，是丹麥歷史最悠久的城市之一。
10　庫爾斯沙嘴，位於波羅的海的一個小沙洲，目前為俄羅斯和立陶宛所管轄。一九〇一年德國鳥類學家約翰內斯‧第內曼（Johannes Thienemann）在當地的羅西騰建立全世界第一座鳥類觀察站。

3

牠們的覆羽流下，就像從雨衣上流下來那樣。小鳥耐心等待雨停。不過巢穴裡又是個完全不同的世界。當牠們透過倒掛或是仰臥身體，並嘗試脫身的時候，牠們看起來就像個在冰冷大海中溺水的人。腹部的羽毛被浸溼，身體變冷，在這種情況下鳥兒很快就失去力氣。

我的鷦鷯（Wren）整隻縮成一團。當我在牠身旁彎下身子時，雨水從袖子直接滴在牠的身上。牠整隻溼漉漉的，溼透的羽毛看起來就像一團稀疏的棕色毛髮，皮膚清晰可見。即使能夠成功掙脫，牠也沒辦法順利飛走。最後我終於成功將牠解開，並塞進自己的衣服裡，所以牠的體溫至少可以升到跟我一樣三十六‧六度。不過在我把牠塞進衣服裡前，我先把衣服塞進褲子裡，並繫緊腰帶，所以鷦鷯才不會滑進我的內褲裡。當這個溼漉漉的小球往衣領上爬時，我可以感覺到這隻生物的小爪子正抓著我的肚皮。

鷦鷯問題不大。擦乾一隻山雀才算得上是一個真正的挑戰——牠會大吵大鬧，四處亂竄，奮力猛啄。如果小鳥爬到你背上的肩胛骨位置，這時候要把牠從衣服裡拉出來，將會演變成一場精彩的表演。戴菊鳥是最容易處理的——牠會溫順的窩在你的夾克裡，盡可能讓自己靠近衣領。牠跟自己身上的羽毛一樣輕，大約五、六公克重，而且只會發出輕輕的唧唧叫聲，作為自己對現狀的抗議。牠的溫順可能會害死自己。曾經有人就這樣忘了衣服裡的戴菊鳥，等到夜晚準備上床睡覺，更換衣物時，一個僵硬的身體掉到溼滑的睡袋上。

起初，「套腳環」遭到大自然愛好者的反對。他們害怕尋找羅西騰腳環的獵人會因此殺害成千上萬的鳥類。（茲比格涅夫・斯維爾斯基〔Zbigniew Swirski〕[11] 曾在他一九五九年出版的《論鳥類遷徙》〔*On the Migration of Birds*〕書中寫道：腳環會被「未開化的非洲部落」當作珍貴的護身符收藏。）但是，德國科學家仍然持續他們的工作，尤其是在有關套上腳環的鳥類所傳回的資訊越來越多之後。直到第二次世界大戰結束後，總共大約有一百萬隻鳥類在羅西騰被套上腳環。然而大部分收集到的資料都在蘇聯進攻期間遭到焚毀。第三帝國（The Reich）[12] 被推翻以後，這座鳥類觀察站隸屬於蘇聯加里寧格勒州（Kaliningrad Oblast），並在一九五六年改名為「雷巴奇生物觀察站」（Rybachy Biological Station），重新開始運作。

11　茲比格涅夫・斯維爾斯基（926-），波蘭動物學家、鳥類學家和生物學家。
12　第三帝國，又稱納粹德國，指的是一九三三年至一九四五年間希特勒統治下的德國。

3

　　過去五十多年來在波蘭都是透過一個名為「波羅的海行動」（Akcja
Bałtycka）的研究計畫，進行捕獵鳥類和圈套腳環的工作。這是在當時邊
境保衛部隊履行守衛海岸時所建立的，他們在警備森嚴的沙灘上巡邏，
尋找瑞典間諜的蹤跡。在這樣的背景下，一九六〇年幾個華沙大學的學
生在海岸線附近花了將近一個月的時間，觀察經過波蘭海岸的鳥類，並
進行圈套鳥環的行動。由於結果相當豐碩，只在過了一季之後，華沙大
學便決定成立一個研究計畫，直到現在這個計畫仍持續運作中。「波羅
的海行動」研究鳥類在秋、春兩季的遷徙活動。春季的觀察活動時間進
行得比較長，因為並不是所有的鳥類都急著飛往牠們冬季的棲息地。因
此許多鳥類根本不會飛遠，而且如果天氣允許的話，牠們會盡可能留在
原地。相反地，春季的遷徙像是一場爭奪賽。所有的鳥類都競相爭奪最
好的地盤和飼養下一代的最佳地點。捕鳥網不能隨意設置，只能架在候
鳥聚集的地方。因為這樣的緣故，只能在介於大海和布科沃湖（Bukowo）
之間的狹窄地帶，維斯杜拉沙嘴（Vistula Spit）和海爾半島（Hel）上紮營。[13]
過去幾千年來，這幾個地方是許許多多沿著海岸遷徙的鳥類所必經的空
中路線。

　　我把小鳥從網子裡解開來，馬上放進一個有拉繩的棉布袋子裡面。

有些鳥會因此嚇得不知所措，有的會溫順的接受這種被轉移的處置，有的則會一邊憤怒大聲鳴叫，一邊試著掙脫束縛。不同的鳥類不能放在同一個棉布袋裡。如果在不小心的情況下把一隻飽受威脅的山雀和戴菊鳥放在一起，山雀馬上就會將戴菊鳥啄死。當然也有些鳥不在乎有其他鳥的作伴。在繁殖季節外，不論是圈養或是野生的銀喉長尾山雀，全都喜歡成群活動。在捕鳥網裡，往往會發現牠們總是忠實地守在一起，同時一起被捕捉。

　　我把鳥帶到套鳥環的人那裡。他負責管理營地，決定每日日程，同時也是為鳥兒套上腳環的人。他也會為每隻捕獲的鳥測量身長和體重。我是其中一個成員，負責巡視捕鳥網、記錄測量結果和聽從工作指示。當然每個管理者的風格都不盡相同。有些屬於鐵腕管理派，有的則比較注重團體合作。這是一份艱難的苦差事：不是每個人都具備超凡領導魅力或喜歡下命令，也不是每個人都能在高度壓力之下，仍然表現出色。

　　保持冷靜是非常重要的──在遷徙季節，不時總會發生一些意想不到的小災難。特別是在天氣劇變的時候，鳥群被迫中斷飛行，同時大量

13　布科沃湖位於波蘭西北部，毗鄰波羅的海。維斯杜拉沙嘴是一個風沙沙嘴，同時也是波蘭和俄羅斯的
　　邊界，在政治上隸屬兩國。海爾半島位於波蘭北部，毗鄰波羅的海，全長三十五公里。

降落在同一個地點，成千上萬的鳥兒會擠在一個小區域裡。這樣的現象稱作「突襲」。樹林裡「鳥」聲鼎沸，震耳欲聾。成千上百隻平常充滿警覺性而多疑的小鳥全都會掉進捕鳥網中，彷彿牠們全都失去理智似的。這時候主管必須決定營地團隊是否有足夠能力能清空鳥網。幸虧有完善的處理程序，因此受傷的小鳥數量並不多。個性高度緊張的旋木雀和紅腹灰雀會優先被套上腳環。同時被捕獵的小鳥必須先進行分開的工作，因為在這樣緊張的情況下，牠們會攻擊彼此。假如捕獵到的鳥隻超過營地所能負荷的數量，那麼主管就可以決定先拆下捕鳥網，直到情況改善為止。

　　小鳥如何知道什麼時候該遷徙呢？在夏末隨著白晝變短，光線越來越暗時，牠們體內的賀爾蒙會激發一種叫做「遷徙性焦躁」（Migratory Restlessness）的現象。關在籠子裡的鳥兒會不斷撞籠子的欄杆，試圖往牠們習慣的方向飛。喜歡溫暖氣候的鳥類會先離開，因為牠們要飛的距離最遠。牠們基因內建的生理時鐘會指示確切的時機。牠們停留在波蘭的時間並不長——一般來說大概是三、四個月。無法想像一身金黃羽毛的黃鸝鳥，或一隻藍胸佛法僧深陷在雪堆裡或三月的泥濘中。像山雀和戴菊鳥這類短距離的飛行者，只有在天氣變得極度惡劣，很難尋找到食物

的情況下，最後才會動身離開。簡單來說，在完全沒有時間可以繼續拖延時，牠們才會離開。這類小鳥比較能耐住霜凍，加上近來冬天越來越像秋天，因此越來越多的小鳥會停留在原地。

　　夜間遷徙的鳥類根據星星的位置，來確定自己的方向。以歐歌鶇為例，牠們就是以這種方式遷徙的。在白天時，牠們會停下來休息和覓食。遇到多雲的夜晚，牠們就必須停止飛行。至於白天飛行的鳥類會根據太陽沿著地平線的移動，修正牠們的路線。牠們的大腦進行無意識的複雜計算，因此即使是稍微偏離航線，結果也會導致偏離目的地有數百公里遠的距離。有些鳥類從空中辨識出一些地標，並以難以置信的精確度找到牠們的目標。比如，年輕的灰鶴會在父母的陪伴下，進行第一次遷徙飛行，畢竟經驗老道的老手可以帶領牠們成功抵達終點。

　　故事並沒有就此打住。提姆·伯克海德（Tim Birkhead）在他精彩的《鳥的感官》（Bird Sense）[14] 一書中，描述在一九五〇年代對夜間遷徙的知更鳥所進行的一項實驗。歐亞鴝即使在看不見星星的情況下，也能完美無誤的遵循正確路線飛行。有些人懷疑牠們多少是受到地球磁極的影響。為了確定這一點，弗里德里希·默克爾（Friedrich Merkel）和沃爾夫岡·威爾奇科（Wolfgang Wiltschko）[15] 使用高功率電磁線圈改變磁場的方向。實驗室裡的歐亞鴝修正牠們的方向，就好像牠們在操作羅盤一樣。對於鳥類如何對磁場作出反應，至今還沒有完整的研究結果。一般認為，位於鼻子附近的磁鐵礦微晶體扮演著非常重要的角色。

從黎明就開始第一輪巡視鳥網的工作。在湖的另一邊,太陽正從睡眼惺忪的地平線上緩緩升起。這時候起床就像沖了個冰水澡一樣,必須趁身體還來不及抗議之前,就不假思索的完成這件事。一大清早,帳篷裡的所有東西都因為水氣凝結而變得又溼又冷。經過冰凍的一晚,帳篷的外帳通常會變得跟結霜的羊皮紙一樣硬。黎明破曉時分,通常是小鳥最多的時間,多到我們必須花很多的時間在捕鳥網上,常常才剛回到營地,就得馬上再進行下一輪。吃早餐通常都是在兩三輪檢查之後的事了。在這過後,幾乎每一個小時都在吃東西,整個套腳環營地實際上就是個美食嘉年華。一直到晚上休息時,輪替檢查鳥網的空閒時間,全都是在吃吃喝喝中度過的。

14　提姆‧伯克海德(1950-),英國鳥類學家。
15　弗里德里希‧默克爾(1845-1919),德國解剖學家和組織病理學家。一八七五年,他首次發現哺乳類動物皮膚上的觸覺細胞,此後這個細胞便以他的名字命名為「默克爾細胞」。沃爾夫岡‧威爾奇科(1938-),動物學家,專攻鳥類學。他是第一個在歐亞鴝身上,證明鳥類可以利用地球磁場定位的人。

3

肉片三明治（蒂羅爾式[16]、英式、波蘭口味）、果醬三明治、中式湯麵和許多的蒜頭、番茄醬，還有我在家不會碰的垃圾食物，在這裡嚐起來卻無比美味。咖啡和茶——值得特別一提的是喝起來有開水味的米努特茶（Minutka Tea）[17]，非常令人著迷。每隔一個小時，不論巡視時間長短，都會發生有人得跑廁所的情形，根據情況有時穿著雨鞋，有時則是得穿涉水褲。理論上來說，每次和小鳥接觸過，我們必須要洗手，但通常到了第二天，這件事就被忘得一乾二淨。鳥兒在情緒激動的情況下，常常會直接的大便在正在解網的手上。鳥屎通常都是呈淺黃色的，不過愛吃藍莓的歐歌鶇，牠們的鳥屎就會是紫色的。根據細菌分析報告，那些曾經攜帶過小鳥的布袋上發現有炭疽病[18]的孢子。

參與行動的人表示，自一九六〇年代以來，這個營地並沒有多大的改變。不過科技的進展的確在這裡留下明顯的足跡：雙手可以空出來工作的頭燈，有拉鍊取代繩子的帳篷。另外，廚房帳篷裡也有一個取暖爐。

---

16 奧地利蒂羅爾地區（Tirol）特有的煙燻五花肉片。
17 米努特（Minutka），波蘭專門生產各式茶包的品牌。
18 炭疽病（Anthrax）一種由炭疽桿菌所引起的人畜共通急性傳染病，主要是透過草食性的動物傳播。

半個世紀以來，人們一直認為溫度的改變會導致感冒的流行。最後有人帶了個暖爐來，回到開拓者的過去時光已經是不可能的事了。再也沒有人會想要在十一月的夜晚，穿著溼衣服，坐在蠟燭前取暖。此外，道德標準也有所改變。經驗豐富的老手知道長尾鴨的味道（好吃），海岸上的蠣鷸（難吃）。珍貴的鳥類遭到捕殺，並製作成標本，比如說，一隻迷路的美洲燈草雀。這種獵殺行為，即使是為了科學研究，在今日還是難以想像的。

人們總是欽佩那些跳最遠、跑最快、舉最重的紀錄保持者。他們對最美麗、最富有，或簡單來說，名氣最大的人，感到興奮不已。而這樣的迷戀也轉移到動物身上。電視上充斥著許多大自然驚悚片，片中隱含違背常理的訊息：最毒、最危險、最醜陋……因此何必浪費時間在普通的事上？

在我眼裡，鳥類遷徙是大自然最偉大的驚奇。每一段旅程的故事都堪稱一部英雄史詩，每一個參與者都是獨一無二的英雄。一隻體重只有十或十五公克的山雀，在歷經全長有幾百英里的旅途中，會遇到多少的阻礙、不安、困難和危險呢？又或者是一隻有鮮紅色翅膀的高山怪胎紅翅旋壁雀？牠從高山的岩石峭壁遷徙到山谷中，全長不超過十英里，然

而這是一趟介於兩個現實世界之間的旅程：從不斷被狂風吹打的貧瘠花崗石峭壁上，飛往平靜安全的雲杉森林，以及圍繞著溫暖水泥牆的山中小城，在那裡即使在寒冬，昆蟲仍然生氣蓬勃。

　　但這就是人類——我們記得那些充滿自信，站在講台上的人。我們如何能不敬佩那些從格陵蘭島飛往南極洲，尋找無盡白晝的北極燕鷗？每一年鳥類遷徙中的佼佼者會進行四萬英里的漫長飛行，牠們也是地球上已知暴露在陽光下活動時間最長的生物。當格陵蘭島的夏天結束時，北極燕鷗會飛往南極洲，這時在這裡萬物正從極地寒冬中漸漸復甦。北極燕鷗會沿著大西洋飛行，有時候也會穿越它——沿著歐洲海岸遷徙的鳥類有時候會取道南美洲，然後從那裡再繼續牠們的旅程。一隻壽命長達三十年的燕鷗（這種例子蠻常見的），終其一生飛行里程數總共會超過一百萬英里。這個英雄長得是什麼模樣？牠是一隻體型嬌小，有著一身白、灰色的羽毛，黑色的頭，翅膀細長且鋒利，還有一個如天堂般美妙的長尾巴。或許這也是牠拉丁文稱號「天堂」的由來。

　　一天中最後一輪的巡視是在黑暗中開始的，只有 LED 燈光指引我們。迅速飄動的樹枝影子，發著磷光的白樺樹幹，突如其來的一陣強風，樹上顫抖不停的樹葉。耳邊不時傳來野豬在黑暗中奔跑的聲音，或重物

3

突然掉入湖中所引起的濺水聲。然後是一陣寂靜，靜到只聽得到風聲和自己的呼吸聲。偶爾還會看見受到驚嚇的鳥影迅速飛過。在沙丘上，一隻鶹鶹用牠的翅膀拍打我。牠飛翔的樣子看起來像是一隻被光線迷住，巨大深棕色的飛蛾，然後在一棵矮松上棲息，同時眼觀四周。我把頭燈關掉一會兒。這個黑色的球狀身影隨即跳到較低的樹枝上。

我試著不去想在營地附近的那棵老蘋果樹，模糊的地基輪廓，還有戰前人們在這個無人居住的沙嘴上生活和死亡的事實。夜間巡視往往會激發某些不理性的想法。這真的令人感到十分討厭，但是你沒辦法就這樣匆忙的走過鳥網。你必須仔細檢查下方的部分，因為這是夜間脫隊鳥兒，穿過下面時會被套住的地方。匆匆一瞥也是不夠的，整張網子都必須仔細檢查過一遍才行。微弱的燈光下，小鳥懸掛在離地不遠的高度上，奇怪的形狀看起來就像是落葉。黃昏後，牠們幾乎不再掙扎，在驚呆的狀態下，牠們毫無招架之力。在手電筒的照射下，牠們甚至不會試著要從你的手中逃脫。白樺樹林中一片漆黑，微光從小葉子間照射進來。一隻飽受驚嚇的小鳥，以不自然的姿勢倒掛著，身體被露水浸透，很快就會失溫，到了清晨只會變成一團柔軟的羽毛。

在沙丘上的鳥網裡，我發現一隻死去的烏鶇，蜷縮在一團柔軟的羽毛中。半開的眼睛已經沒有生命的跡象，頭部無力的垂下，還有餘溫的身體輕易就滑出鳥網。血漬從牠背上的兩個小孔滲出來。烏鶇的心臟很脆弱。這隻可能在樹枝上打瞌睡時遭到攻擊。事實上，大多數在網中

的鳥兒都會驚慌失措，拚命拍打翅膀，牠們無助地對著網袋摩擦自己的腹部，留下一團拔掉的羽毛。我發現的這隻烏鶇應該是在深夜中慌張逃脫，結果卻被纏在網裡，顯然心臟受不了這樣的壓力。不是只有人類會害怕夜晚。

斑尾鷸令人感到驚嘆不已。這種有著長鳥喙的海鳥，飛行時看起來像是個紡錘，從阿拉斯加的繁殖地飛往紐西蘭，全長七千英里。漫長的距離令人佩服，但更不可思議的是，斑尾鷸晝夜不停地飛行，八天八夜，一路上沒有停下來休息。換句話說，牠們一舉橫跨廣闊的太平洋。在飛行途中，斑尾鷸會燃燒部分消化道，以獲得更多的能量，以及甚至部分肌肉，好減輕飛行時的負擔。隨著每分每秒過去，斑尾鷸的身體變得越來越輕，飛行所需要的能量也越來越少。這種鳥類應該是最接近空氣動力形狀和能量管理可達到的最大極限。我們再也找不到能夠媲美斑尾鷸不間斷遷徙飛行的其他例子，原因很簡單，忙碌的地球上再也沒有比這個更需要不中斷和更長的飛行距離了。

體重僅三公克的蜂鳥，牠的精湛技藝也同樣令人印象深刻。在飛往冬季避寒地古巴的途中，牠們會飛越墨西哥灣。想像這個小不點任由加勒比海海風的擺布，這可是隨時就會轉變成颶風的區域。最後會有多少

隻成功抵達目的地？像這樣體重不超過一茶匙鹽的小鳥，最後還能像之前那樣強壯嗎？事實上，我們身旁就有個類似的例子——歐洲體型最小的鳥，戴菊鳥，牠們從瑞典飛過波羅的海。牠們常常停留在沙灘上，精疲力盡地在度假遊客的腳邊休息。牠們的身體需要一點時間才能在陽光下變得暖和一些，重新補充元氣，接著才有力氣飛進沿岸的松樹林裡尋找小昆蟲吃。

　　小鳥有能力應付高海拔地形的挑戰，對人類而言，在那裡每走一步都得用盡全力。斑頭雁經常飛越喜馬拉雅山，人們也曾在珠穆朗瑪峰的峰頂附近發現牠們的身影。有時候從飛機上可以看見器宇軒昂的黃嘴天鵝，居住在波蘭的牠們同樣不遑多讓。不過紀錄保持者則是在人煙罕至，一萬一千公尺高所觀察到的黑白兀鷲。小辮鴴可飛行的高度幾乎可達四千公尺，而在秋天會吃光閒置果園裡的花楸漿果和蘋果成群飛行的田鶇，也可以飛到稍微低一點的高度。

　　體型纖細且優雅的斑尾鷸會將自己長長的鳥喙插進沙子中，一直到脖子的深度。沙灘上再也找不到能夠插到那麼深的其他鳥類了。一隻亮麗的三趾濱鷸正在潮間帶上追逐海浪，牠在暫時露出的沙洲上發現到一點食物。濱鳥的嘴喙不論是長度或形狀都與一般鳥類有所不同。牠們的

嘴喙是一個能夠偵測到地面上最輕微震動的特殊器官。目前在維斯杜拉河口為濱鳥和海鳥套鳥環的工作，是由牯嶺水鳥研究小組（Kuling Water Bird Research Group）[19] 所負責。在這裡他們不使用捕鳥網，而是透過隧道陷阱捕獵鳥隻。這個設置在地面上，看起來像是體型巨大的四隻腳蜘蛛，正方形的身體是由網子所形成。被稱為柵欄的長臂指向兩個入口。沿著碎浪線覓食的小鳥會跟隨柵欄進入網室。走入陷阱很簡單，但要離開可就沒那麼容易了。

營地的志工住在梅維亞・拉瓦自然保護區（Mewia Łacha Reserve）[20] 裡的一間海灘小屋。即使是在八月份，清晨五點的波羅的海海灘仍然非常寒冷，冰凍的像瀝青一樣堅硬。一群看起來非常傷感，有著細長下彎的鳥喙的麻鷸，低空飛行，朝著狹窄的維斯杜拉河口飛去。第一輪的巡視工作主要是得費力把半埋進海沙裡的陷阱從水中拉出。還要再過一段時間，小鳥才會開始覓食。又長又軟的海藻附著在金屬骨架上。海灘上除

19　牯嶺水鳥研究小組成立於一九八三年，負責處理秋季遷徙到格但斯克海灣（Gulf of Gdansk）的水鳥和海鳥，多年來這個研究小組大約已經圈套五萬隻小鳥。

20　梅維亞・拉瓦自然保護區，於一九九一年成立，位於格但斯克海濱的動物、鳥類自然保護區，同時也是波蘭最大的燕鷗繁殖地，面積約一百三十二公頃。

了有數百萬個破碎的貝殼外，還有數不清的垃圾。尖尖的烤肉夾被海浪打壞，瓶瓶罐罐，還有數十個廁所芳香劑的塑膠盒子。（這些物品的壽命真的是長的可笑。）衛生棉像刺虹般在水面上輕輕晃動，莊嚴地揮動著「魚鰭」。

首先是一道粉紅色的光芒，接著是橘紅色，如鐮刀般的太陽緩緩地從地平線上升起。在薄霧中，大海和天空之間的界線變得模糊。確實它們之間有著一種緊密的關係。清晨，大海波濤駭浪，洶湧的海浪憤怒地翻騰著泡沫，同一時間，天空出現一道白光，預示旭日即將升起。午後的沙灘，熱燙的沙子足以灼傷雙腳。天空上出現巨大猛獸般的積雲，從四面八方包圍著海灘。傍晚時分，可怕的深藍色雷雨雲陰影將會大規模襲擊大地。發生在沒有半棵樹且平坦海灘上的暴風雨，有可能會是一場災難。難怪閃電代表著最強大的神靈們的特質。

遷徙的季節來臨前，小鳥會開始儲存能量。賀爾蒙會增加牠們的食慾。水蒲葦鶯是一種小型葦鷹，頭部有縱紋，拚命強迫性覓食，將體重增加到兩倍重，因此才有足夠的能量，可以進行接下來不間斷的飛行。全程約兩千英里，耗時三到四天。根據研究，從一隻鳥脂肪量可以看出關於牠的許多狀況。圈鳥環的工作人員把鳥朝上放在手掌中，

接著用食指和中指將頭固定住,然後對著胸骨部位輕輕吹氣。這個位置稱作「叉骨」。裸露的皮膚在羽毛底下閃閃發光。工作人員評估小鳥的身體脂肪量——等級從零到八。零到一預示小鳥將無法在遷徙飛行中存活下來。

對旅者來說,天氣扮演著非常重要的角色。許多小鳥會在濃霧中迷失方向,有的會被強風吹離飛行航線,最後降落到一個完全出乎意料之外的地方。從挫折中重新恢復不僅會延長旅程,更會消耗身體儲備的能量。話雖如此,小鳥總會有節省消耗力氣的方法。一隻不起眼的小蜂鳥會在夜裡降低體溫,因此就會消耗少一點的能量。西方黃鶺鴒和鷚在飛越沙漠時,會先在岩石裂縫中等待最熾熱的天氣結束,再繼續飛行。鳥類對天氣變化的反應非常迅速。逆風飛行時,牠們會沿著地面低飛,藉著高凸的地面躲避風勢。相反地,牠們把握順風風勢,如虎添翼,向高空加速飛行。

賈克·培安(Jacques Perrin)二〇〇一年的電影作品《鵬程千萬里》(Winged Migrations),是一部關於鳥類遷徙的不朽故事,描述鳥類遷徙過程中所經歷的重重困難。這一部介於自然紀錄片和劇情片的作品(一個重複出現的英雄,一隻腳上綁著網子的野雁),片長總共一個半小時,幾乎沒有台詞,只有配樂(弦樂音樂扣人心弦)和大自然的聲音。淺藍色的極地冰原,鏽紅色的美國沙漠,綠色的稻田,以及跟隨遷徙鳥群的攝影機,還有種種危險——工廠排放的黑煙,漏油汙染,獵人架設的陷

阱和強風暴雨，迫使白頰黑雁必須停留在一艘軍艦上。那隻拖著折斷翅膀的燕鷗完全沒有存活下來的機會，面對活活餓死的命運，牠最後被螃蟹攻擊並且吃掉，也算是一種上天的恩賜。在英國，每一年大約有八成的燕子幼鳥和一半的成鳥會在遷徙途中死亡。有四分之三，辛苦養育的小鸛鳥沒能成功在來年春天返回波蘭。物競天擇總是無情的——只有最強壯和最聰明的小鳥可以生存下來。

我並不是負責套鳥環的人。我不用分析填滿數據的圖表和欄位，不用監看遷徙路線，也不用密切關注數量的變動。我負責檢查鳥網，解開捕獵到的小鳥，砍柴，準備晚餐。我協助科學家。在氣候變遷、景觀劇變和人類持續製造壓力的時代，他們是必須掌握最新狀況的一群人。我注視著一隻冠山雀琥珀色的眼珠。我最先確認溼地葦鶯確實有一身柔軟的羽毛，煤山雀身上散發著松脂的香氣。我永遠不可能像現在這樣更接近鳥兒了。

4

A Sap-Scented Coal Tit

觀鳥強迫症

一九○○年他在費城出生，終其一生他身上都散發著一股十九世紀的氣質。從小開始他就對大自然感到非常有興趣。櫃子裡珍貴的蝴蝶標本可能是他父親帶給他的禮物，他帶領一個研究團隊前往奧里諾科三角

洲（Orinoco Delta）[1] 進行考察。他的母親在第一次世界大戰爆發那年去世。
這對孤兒寡父移居到英國，男孩進入哈羅公校（Harrow School）[2] 就讀，後
來畢業於劍橋大學。畢業後，他返回美國，並在家鄉的一間銀行工作。
不過幾年後，他辭去工作，並前往亞馬遜河下游參加探險活動。他的工
作有點像祕書，負責描述捕獲到的物種。返回家鄉後，他對加勒比海地
區的鳥類產生極大的興趣——這些鳥類在散落在這片海洋上，數以百計
的小島上生活。

　　一九三六年，他出版個人最重要的一本著作：《西印度群島的鳥
類》（*Birds of the West Indies*），完整書名為《西印度群島的鳥類指南：大
安的列斯群島、小安的列斯群島和巴哈馬群島所有已知的鳥類指南》
（*Field Guide to the Birds of the West Indies: A Guide to All the Species of Birds Known from
the Greater Antilles, Less Antilles and Bahama Islands*）。他經常在專業的期刊上發
表文章。除了其他研究外，他還證明加勒比海的鳥類是北美鳥類的後
代。為了表彰他的貢獻，他獲頒美國鳥類學家聯盟（American Ornithologists'
Union）的最高榮譽「布魯斯特獎章」（Brewster Medal）[3]。一九八九年他於
費城逝世。他的名字叫做詹姆士·龐德。

　　教師和語言學家彼得·卡許維爾（Peter Cashwell）在《「觀鳥」這個

動詞》（*The Verb 'To Bird'*）一書中，描述一種叫做「觀鳥強迫症」（BCD, Birding Compulsive Disorder）的症候群。這是作者發明的一種疾病，指的是鳥類學家將所有注意力全都放在鳥類身上的一種症候群。這種症候群會導致鳥類學家在繁忙的馬路上，並在不看後照鏡的情況下，就緊急踩剎車，只因為路邊閃過自己感興趣的東西。這類鳥人會在談話中突然發出噓聲，示意每個人安靜，並指向自己感興趣的聲音來源。

　　「觀鳥並不是一種嗜好，比較像是打噴嚏……或喜歡藍色一樣。這不是一件自己可以決定的事，而是不得不做的事。」卡許維爾如此寫道。他是一個自己所屬階層的典型代表：家中有豐富的唱片和圖書收藏。他知道著名作家和他們的作品，更能對東方哲學或歌劇侃侃而談。但是，當餵鳥器上出現有趣的鳥類時，他會馬上放下一切。在這種時刻，不論身處何種情況，每一個鳥人第一件會做的事，就是伸手去拿自己的雙筒望遠鏡。

　　對卡許維爾本人而言，「觀鳥強迫症」在自己身上發作的一個例子

1　奧里諾科三角洲，位於委內瑞拉東部。

2　哈羅公校，英國歷史悠久的名校之一，於一五七二年創建。

3　「布魯斯特獎章」，以紀念美國鳥類學家聯盟（American Ornithologists´ Union）創始成員之一威廉・布魯斯特（William Brewster, 1851-1919）命名，表揚對西半球鳥類的傑出作品。龐德在一九五四年獲得此榮譽。

是在一次假期期間，他在距離五百公尺遠的地方，拍攝一系列三十張海鷗的照片。他以一種神經學家和作者奧利維‧薩克斯（Oliver Sacks）[4]的風格，描述一個「觀鳥強迫症」的受害者：「在他不斷轉動的頭裡面是顆正常的人腦，一顆智力正常的普通人腦。不幸的是，受影響的人永遠不可能做正常的事——讀本書、開車去商店、或在戶外和自己的孩子們玩耍——即使看見的是最輕微的移動，他也無法停止頭部的左右擺動。在他大腦中的某個地方無法正常運作，有一個電平衡或化學平衡的小缺陷，因此導致他不得安寧。他永遠被監禁在『觀鳥強迫症』的牢籠之中。」

理工學院、小學、斯拉夫語系的畢業生。礦工、銷售代表、失業者。有錢人鑲有施華洛世奇寶石、價值五千英鎊的設備，和擁有外型普通、鏡頭看起來稍微黃一點的蘇聯製雙筒望遠鏡的人。觀鳥是相當民主的。唯一真正的區別是業餘者和科學家，不過有時候兩者的能力卻存在著驚人的互補關係。業餘者比較屬於衝動派。他們傾向關心每一種生物的命運，會根據自己的幻想行動，有時候會被輕率與無知所驅使。相反地，科學家眼中看到的是長期的遠景。他們所受的專業訓練，使得他們能夠對支配大自然世界的複雜機制，提出更好的解釋。

我從來沒有認真考慮過要成為一名專業的鳥類學家。我擔心生物學會是一個無聊且困難的科目。在我的家族裡，沒有人受過自然科學的訓練。然而，最後我還是走上老路。我的朋友維泰克是一位受過專業訓練的物理學家，他曾經告訴過我一個故事，他認為這個故事說明專業鳥類學常被忽視，但卻令人擔憂的層面。他在一本專業期刊上讀過一篇文章，內容是關於某隻濱鳥探測地面的頻率。研究人員只專心計算這隻鳥在覓食時，把自己的鳥嘴伸進岸邊泥漿裡的頻率。很難想像可以永遠懷著熱情做這個工作。

　　線上論壇和電子郵件名單絕對是專業人員和業餘愛好者之間，可以互相交換想法最有趣的地方。鳥人會分享當地的觀察結果，交換專業文章和趣聞。一個「觀鳥強迫症」的最佳例子，是我在「新聞快遞」（Teleexpress）電視新聞節目上所看到的，關於一位鳥人的有趣故事，這也是我最喜愛的一個故事。內容描述音樂家穆尼克‧斯塔茲奇克（Muniek Staszczyk）[5] 正站在花園裡談論某事，同時背景傳來一種獨特的鳥叫聲。正在隔壁房間的鳥類學家馬上豎起耳朵。聲音聽起來應該是暗綠柳鶯。

4　奧利維‧薩克斯（1933-2015），英國神經學家和暢銷書作家，作品以文學風格描述神經疾病患者的情況，並多次被改編為電影。
5　穆尼克‧斯塔茲奇克（1963-），波蘭音樂家和樂團主唱。

我不知道穆尼克正在說什麼，論壇上也沒人對此感到興趣。唯一的關注重點是這隻來自西伯利亞的小柳鶯，因為這種小鳥在華沙地區非常的罕見。

　　電影也是一樣。針對電影配樂也有許多討論——電影中許多鳥鳴出現的季節根本與實際狀況不符。在安傑・瓦依達（Andrzej Wajda）[6]的電影《卡廷慘案》中，三月的克拉科夫，四處可見正在融化的雪堆，我們卻聽到從屋簷上傳來的雨燕叫聲，而實際上牠們是五月才會出現在這個城市的。每年八月會飛往非洲過冬的黃鸝鳥，在波蘭電視連續劇《大於生命的賭注》（Stawka iększa niż życie）[7]的秋季劇集中，卻可以聽到牠們的歌聲。另一部名為《進來，07》（Come In, 07）[8]的司法劇，在冬季影集中，卻收錄只有春天才會出現的長腳秧雞的刺耳叫聲。當然還有其他奇怪的例子。雷利・史考特（Ridley Scott）的電影《王者天下》（Kingdom of Heaven）中，電腦製作的渡鴉卻發出灰鶴的叫聲。在瓦依達的另一部電影《塔杜伍斯先生》（Pan Tadeusz）中，一隻套著腳環的鸛鳥飛越十九世紀「五顏六色的糧田」。

　　英國前情報局探員伊恩・佛萊明（Ian Fleming）[9]，正在牙買加的別墅度假。他早就打算寫一系列以間諜為主題的小說。身為一個狂熱的觀鳥

者，他的書房裡收藏了一本《西印度群島的鳥類》。當他的目光投射到書背時，佛萊明馬上就知道主角的名字該叫什麼了。詹姆士・龐德系列的第一部小說很快就成為暢銷書，內容描述擁有女王陛下授予殺人許可的情報探員的冒險故事。多年來，住在費城的鳥類學家卻不知道這個聞名全世界的 007 探員與自己同名同姓。

《皇家賭場》（*Casino Royale*）出版的幾年後，龐德的妻子寫了一封憤怒的信給佛萊明。質問他怎麼可以在沒有當事人許可的情況下，擅自使用他人的身分？特別是一位受人敬重的學者？佛萊明一定是感到十分尷尬，不過還是試著為自己辯護，雖然顯得有些笨拙：「這個名字既簡短又不浪漫，但卻很有盎格魯–撒克遜人的風格和男子氣概，而這正是我需要的。因此第二位詹姆士・龐德就此誕生。」他提出補救方法：「作為回報，我可以……提供你或詹姆士・龐德不受任何限制地使用伊恩・

6　安傑・瓦依達（1926-2016），波蘭導演和編劇。《卡廷慘案》（*Katyń, 2007*）是根據一九四〇年發生的真實歷史事件「卡廷大屠殺」所改編而成，電影描述蘇聯入侵波蘭時，對該國許多的知識分子、戰俘、警察和公務人員等進行的大屠殺。卡廷是位於今日俄羅斯西部斯摩棱斯克州（Smolensk Oblast）的一個小村莊。

7　《大於生命的賭注》，是一部間諜情報劇，於一九六八至一九六九年在波蘭電視台播出，總共有十八集。

8　《進來，07》，是一部司法劇，從一九七六到一九八七年的共產主義時代後期播出。「07」指的是劇中和現實中的暗號密碼，但是和龐德電影無關。

9　伊恩・佛萊明（1908-1964），英國作家和記者，並在第二次世界期間曾擔任英國情報局間諜，後來根據自己的經驗撰寫出一系列聞名世界的詹姆士・龐德小說。

佛萊明這個名字，任何你們想得到的地方都可以。或許將來有一天你的丈夫發現一種特別可怕的鳥類，並想以一種侮辱性的風格為牠命名為伊恩·佛萊明。」

佛萊明也親自寫信給龐德先生本人。一個使用這個名字的請求，並得到這位鳥類學家非常龐德式的答覆：「好的。」道歉被接受。後來龐德與妻子還前往作家位於牙買加的別墅拜訪。一九六四年，佛萊明寄給這位鳥類學家自己的最新小說《雷霆谷》（*You Only Live Twice*），並附上題詞：「獻給真正的詹姆士·龐德，來自竊取他身分的賊。」幾年後，這本書在拍賣會上以超過八萬美金的高價售出。

波蘭文的鳥類學專有名詞與英文存在著某些隔閡。針對「觀鳥」和「觀鳥者」這兩個描述非專業觀察鳥類活動的英文詞，我們還沒想到最適當的翻譯。畢竟業餘愛好者遠遠多於專業人士。一般口語上，人們會使用的是波蘭文的「把玩鳥的人」（ptasiarstwo）和「賞鳥的人」（ptasiarz），但在正式場合上，這兩個詞似乎顯得過於孩子氣。一個「愛鳥的人」（ptakolub）聽起來很幼稚，而「業餘鳥類學家」（ornitolog amator）不但不夠正式，更是顯得欲蓋彌彰，缺乏適當性。「鳥類的觀察者」（obserwator ptaków）則比較像是個同義詞，「鳥類學家」（ornitolog）本身特別是指專

業人士。如果用這個詞形容自己，我會覺得十分不自在。看起來我們又繞回原點，大概還是只能使用「賞鳥的人」這個詞。

《007：誰與爭鋒》（*Die Another Day*）是皮爾斯‧布洛斯南（Pierce Brosnan）主演的其中一部毫無特色的爛片。但是，也不能把錯怪在這個愛爾蘭裔演員的身上，事實上我覺得他是個非常不錯的007情報員，有點類似羅傑‧摩爾（Roger Moore）的風格。溫文儒雅，但又不失幽默感。問題在於二○○○年初期的龐德電影變成俗氣的驚悚片，彷彿電影在二十年前就停止發展似的。主角令人難以置信的英雄事蹟是該系列電影的傳統，但是編劇顯然是太過頭了。甚至那些電影主題曲也越來越糟糕，而且故事情節也越來越不忠於原著。

《007：誰與爭鋒》是首部龐德電影發行後的四十年所製作的，因此對前幾部的引用也不勝枚舉。我之所以會提到這部電影，全因為這一幕：為了追捕北韓特工趙（Zao），龐德最後跑到哈瓦那。在拉烏爾（Raoul）的辦公室，他隨手翻閱書架上的書。拉烏爾是一個臥底間諜，在一間雪茄工廠擔任經理的職務。他選了其中一本，然後看了一下封面——《西印度群島的鳥類》。作者的名字沒有出現在畫面上。龐德向拉烏爾借了這本書和一副雙筒望遠鏡。

在下一個場景中，龐德正掃視著一個岩石小島，那個韓國人就躲在這個島上。如果他沒有同時也檢查那個從水中浮出的美女（荷莉・貝瑞飾演），那他就不是龐德了。這是向第一部龐德電影致敬——《第七號情報員》（*Dr. No*）——片中雕像般的烏蘇拉・安德絲（Ursula Andress）[10]，宛如波提且利（Botticelli）那從海中出現的維納斯。[11] 這個女人叫做金克絲（Jinx），她之後會與龐德相遇。她的生日是十三號星期五。[12] 龐德調情地對她眨了個眼，並向她解釋自己是來古巴觀鳥的。金克絲本身也是隻被觀看的鳥，不過她本人或許不知情。她與那個向宙斯施了咒語的仙女同名，後來遭到赫拉（Hera）的報復，變成一隻鳥。[13] 地啄木的拉丁文學名是 Jnxy torquilla，這是唯一一種不會啄樹的啄木鳥。在受到威脅或驚嚇時，這種鳥會像蛇一樣發出嘶嘶聲，並且轉動自己的頭。

阿佛雷德・希區考克（Alfred Hitchcock）的《鳥》（*The Birds*）是少數賦予鳥類重要角色的電影之一。但老天，這並不是一個正面的例子。為了達到逼真的效果，在拍攝某一場戲時，幕後人員把數十隻活鳥朝著女主角蒂比・海德倫（Tippi Hedren）的頭上扔。一週後，電影必須停止拍攝，好讓女演員從驚嚇中恢復過來。從今日的角度來看，烏鴉的影像重疊在人類演員的畫面顯得非常的滑稽。另外，那些固定在逃難者身上的標本

假鳥看起來也一樣好笑。圍繞居民的群鳥扮演著非理性的元素，也同樣具有高度的聯想性。這存在人的潛意識中，任何一個看過這部電影的人，都無法不受那些嘎嘎大叫且陰鬱的寒鴉和禿鼻烏鴉所引起的混亂場面的影響。黃昏時，數以千計的八哥鳥群蜂擁而至，使得整個夜晚充滿喧囂與焦慮。

在《鳥》這部電影中，攻擊者並不是那猛禽或有鋒利鳥爪的掠食者。威脅者有著一張十分熟悉且無辜的臉。在希區考克的電影裡，攻擊人類的小鳥是那些居住在我們生活周圍的鳥類——海鷗、烏鴉、麻雀、八哥。在一些海港城鎮，海鷗的確會造成各式各樣的破壞。我記得在布萊頓碼頭（Brighton Pier）[14]，牠們會明目張膽地搶食遊客盤子裡的食物。牠們體型龐大，肆無忌憚，有紅色斑點點綴的黃色尖嘴令人肅然起敬，幾乎很

---

10 烏蘇拉·安德絲（1936-），瑞士籍演員，在一九六二年的首部龐德電影中飾演第一代龐德女郎，並以一身白色泳裝從海中走出，成為經典畫面。

11 波提且利（1445-1510），義大利文藝復興時期的佛羅倫斯畫派畫家，〈維納斯的誕生〉（The Birth of Venus）是他的名作之一，描繪維納斯女神的誕生。

12 金克絲這個名字的原意是厄運或不祥的人或事。

13 赫拉，希臘神話中的婚姻和家庭女神，同時也是宙斯的姊姊和妻子。金克絲向宙斯施展一個愛情迷咒，讓宙斯愛上自己，赫拉發現後大怒，將她變成一隻斜頸鳥。

14 布萊頓碼頭，位於英國英格蘭南部的布萊頓，是一座休閒碼頭，離倫敦約七十六公里遠。

少有人敢抗議。在海鷗再度來襲之前，遊客們會急忙吃完剩下的食物。

希區考克的鳥群行為表現的極為不自然。在某一幕中，一群烏鴉靜靜地聚集在一所學校前面。任何看過一整群烏鴉（或其他種類的烏鴉），即使只看過一次，都知道牠們其實非常的吵雜。很明顯地，牠們現在正在做某件事（憑藉牠們的集體智慧）。當學童從學校出現時，這群烏鴉一邊大聲鳴叫，一邊攻擊他們。這群烏鴉的盟友是一個潑辣、令人討厭且自以為是的女鳥類學家。她堅稱鳥類「為這個世界帶來美麗」，並文不對題地說著每年的鳥類數目。她的整個外表清楚說明一件事：她是一個古怪的老太婆。

隨著劇情的發展，觀眾越來越希望她得到應得的報應。事實上，過沒多久海鷗便開始襲擊，彷彿是在呼應觀眾的願望。牠們在鎮上造成一場大火。這個鳥類學家因而極度震驚與崩潰──她對世界所抱持的理想主義徹底破滅。

斯洛維尼亞哲學家斯拉沃伊·紀傑克（Slavoj Žižek）分析希區考克在《鳥》這部電影中，使用佛洛伊德的理論：鳥類的攻擊是三個主角之間緊張的性吸引力的一個產物。從煙囪衝出的鳥群代表著母親亂倫能量的爆發，她拒絕與兒子的未婚妻分享兒子？這點我不知道。在我自己粗淺的解釋中，我將重點放在鳥類學家這個角色上。希區考克與那些質疑權威和自以為是的專家站在同一邊，因為並不是所有的事情都能解釋清楚。「牠們為什麼要這麼做？」我們並不知道答案，也永遠不會知道。

這部電影灌輸我們一種想法——現實會反撲我們。很遺憾地，希區考克選擇讓鳥類來說明自己的論點。

　　美國著名的作家強納森‧法蘭岑（Jonathan Franzen）[15]，曾在二〇〇五年發表一篇名為〈我的鳥問題〉（*My Bird Problem*）文章，內容描述他如何進入觀鳥的世界。跟卡許維爾的看法類似，從這個篇名可以看出這件事再度被形容為是一個疾病或上癮的問題。我從來沒讀過如此正確捕捉一個人身處在這個特別嗜好所激起的熱情中的感覺。這篇文章以描述南美洲花臉硬尾鴨展開。這隻鴨子只有短暫出現片刻，便隨即消失在作家的眼前，躲入蘆葦叢中。返回車子的路上，法蘭岑遇到其他幾個鳥人，他們對於他的發現感到興奮不已，詢問許多相關細節，並抄下他的名字。在這個保留區的總部，他在一本特殊的筆記本中，將這次的觀察地點記錄下來。

15　強納森‧法蘭岑（1959-），美國當代著名小說家，作品獲獎無數，包括美國國家圖書獎，同時也是一位熱衷賞鳥的觀鳥者，是「美國鳥類保育協會」的成員。

接下來發生的就是一連串懷疑的折磨。那真的是一隻花臉硬尾鴨嗎？會不會其實只是一個關於從來沒見過的稀有鳥類的幻想或夢想？或許午後強烈的陽光使得那隻鴨子臉龐的顏色看起來比較明亮，因此錯把較常見的棕硬尾鴨看成是隻花臉硬尾鴨？這兩種鳥的雌性長得非常類似。法蘭岑對於深怕砸破自己名聲感到擔憂不已，甚至大於對這隻鴨子的正確身分。如果沒有其他人能證實他的觀察，那麼這個叫法蘭岑的傢伙根本不知道自己在說什麼。他害怕丟臉。

沒有其他人可以證實這隻鴨子的存在，法蘭岑承認在接下來幾天的行程中，他犯下了一系列的錯誤：他把小水鴨誤認為赤頸鴨；草率地誤認一隻遊隼（事實上那是一隻魚鷹）。追求正確無誤的鑑定是任何一個雄心勃勃的鳥人的執著。經驗不足的人往往會妄下定論，經驗豐富的老手則更冷靜地做出評斷。以我自己為例，自己急於鑑定一隻鳥的身分的次數，實在數也數不清。

一個春天的早晨，我和 J 一起在皮利察河（Pilica River）[16] 河邊的草地上散步。一隻棕色，有著白色尾巴的小鳥突然從我們的腳邊衝出來。「大鷸」，我以充滿自信的口吻如此宣布，儘管這種鳥很少會在這附近一帶現身。我的同伴一臉狐疑地盯著他剛剛拍下的照片看。我甚至不想聽到懷疑的字眼。雖然如此，J 調高照片的亮度，將鳥的部分裁切下來，寄到郵件群組上。幾個聰明的同好紛紛祝賀他觀察到一隻綠頭鴨。我怎麼會犯下這麼離譜的錯誤？

假如法蘭岑的作品全都跟鳥類身分鑑定有關，我想他大概也不會成為一位偉大的作家。在〈我的鳥問題〉一文中，他書寫有關自己的婚姻危機和如何重新展開新生活。他談論有關追尋人生哲學的過程以及了解大自然的奧祕。他坦言觀鳥是他逃避生活種種問題的出口。不過他只有偶爾才會這麼做。直到幾個朋友帶他到紐約中央公園觀賞一隻畫眉鳥後，情況有了改變，從此他成為一個不折不扣的鳥人。我完全不懂為什麼會是這隻普通的畫眉鳥讓他如此感動。

　　儘管法蘭岑跟美國傳奇鳥類學家菲比·斯奈辛格（Phoebe Snetsinger）[17]的女兒一起上過學，他對鳥類感到興趣的時間相對來說算是有點晚。一九八一年當她被診斷罹患黑色素瘤時，她決定將整個餘生花在觀鳥上。她不需要擔心觀鳥所需的費用，因為她是廣告大亨李奧·貝納（Leo Burnett）[18]的女兒。斯奈辛格又繼續活了二十年，只有在癌症復發，並需要新的化療療程時，她才會暫停周遊世界的觀鳥旅程。終其一生，死亡一直是個揮之不去的威脅，但最後卻是以一種意料之外的方式帶走她。

16　皮利察河，位於波蘭中部，全長三百三十三公里。
17　菲比·斯奈辛格（1931-1999），第一位觀察到八千種鳥類的人，直到她去世時，總共辨識和記錄八千四百五十種鳥類，大約是當時已知鳥類的八十五％。
18　李奧·貝納（1891-1971），美國著名廣告公司「李奧貝納」的創始人，曾在一九九九年獲選時代雜誌二十世紀最具影響力的一百人之一。

她在馬達加斯加島死於一場車禍。當時她才剛觀察到一隻紅肩鉤嘴鵙，但是車子卻因為司機打瞌睡而翻覆。在她去世時，由她觀察到的鳥類總共有八千四百五十種。

在一次參加觀鳥冒險的時候，法蘭岑得到這樣的想法：「在南佛羅里達州適應良好，那些總是成群結隊，吵雜不停，與人類共同生活的小鳥，其中包括垃圾鴿子、垃圾黑羽椋鳥，以及比較威嚴但同樣溫馴的鵜鶘和鸕鶿，現在全都讓我覺得是叛徒。正是海灘上這一群溫和的三趾濱鷸和小鴴，讓我想到我最愛的人類──那些格格不入的人……曾經有人告訴過我，擬人化並不恰當，但我已經不記得為什麼了。」

小鴴──體型嬌小、個性溫馴的小鳥──就像其他濱鳥一樣，全都躲避人類，並且很難適應環境的變化。和前面所提到的「叛徒」不同，牠們沒有能力好好利用文明世界的廢物。沃爾特（Walter）也抱持類似的思想，他是法蘭岑暢銷書《自由》（*Freedom*）[19] 中的主角：「他對那些自己所保護其棲息地的生物的愛，是基於一種投射：基於他們本身渴望遠離吵雜人類的認同。」許多觀鳥者會在沃爾特這樣的厭世行為中，發現令人感到不安的熟悉感。

觀鳥是一種看似寧靜，但有時候會演變成競爭的一種興趣。鳥人和

鳥類學家會記錄下他們的觀鳥成就：生涯清單、年度清單、地區清單。觀鳥有時候像是一種運動。有時候鳥類觀察清單會開始支配一個鳥人的日常生活。它會讓鳥人站在沙塵暴侵襲的沙丘上，或走進春季冰冷、深度及腰的沼澤中。一隻稀有鳥類出現在波蘭另一邊的消息可能會中斷一場家庭旅遊。幸運的是，不是每一個人都會屈服於這種壓力，並非所有人都對競爭感到有興趣。我認識一些業餘愛好者和專業人士，他們從來沒見過一些比較常見的鳥類，因為對他們來說，這些鳥類並不重要，或不符合他們的科學研究興趣。

常常有人會問我，這些清單是由誰來檢查。答案是：沒有人，因為一切都建立在信任上。提出這個問題的人，常常對這個回答感到驚訝不已：「但這不就代表可以作弊了嗎！」他們當然可以作弊，問題是，他們為什麼要這麼做？一份令人欽佩的清單並不等同任何可以衡量的名聲。你不會因此就得到一份廣告合約，卡許維爾曾經幽默地這麼說。這是一種滿足個人野心的事，而不是為了給任何人留下深刻印象。何必欺騙自己呢？當然還是有欺騙的例子，但其背後動機超乎我的理解能力範圍。除此之外，並不是每件事情都能被捏造出來——在波蘭所觀察到的

19　《自由》是法蘭岑的第四本小說，於二〇一〇年出版，獲得評論家高度讚賞，被譽為「美國偉大的小說」。

罕見鳥類必須經過「波蘭動物學會—動物委員會—鳥類分部」的鑑定。在這個情況下，對於稀有物種的鑑別，就需要提交影像或聲音證明。一個小小的欺騙會成為一個天大的謊言。這類的過失將會導致一個人在鳥類社團裡遭到排擠。

肯‧洛區（Ken Loach）[20] 所執導的電影《鷹與男孩》（*Kes*），描述礦業小鎮巴恩斯利（Barnsley）和該地居民的故事。大部分參與演出的都是業餘演員，他們濃厚的口音非常難懂，使得必須為美國觀眾錄製新的聲道。電影採用自然光的拍攝技巧，進一步展現出一種深刻的寫實效果。在這樣的安排下，巴恩斯利小鎮呈現的是一個絕望茫然的世界，故事本身也充滿悲傷。比利‧卡士柏（Billy Casper）出身一個極度貧困的家庭，是個形單影隻的男孩。他的家非常的小，所以比利不得不和哥哥裘德（Jud）擠同一張床，哥哥則是每天一大清早就得到礦場工作。這種工作是比利未來的唯一出路。

比利漫無目的地在鎮上閒晃，他出門送報紙，他在學校遇到麻煩。看起來他並不會有什麼成就。但是，有一天當他經過郊外的樹林時，他看見一隻正在獵食的紅隼。這隻鳥先是在空中盤旋，以敏捷的滑翔方式飛過天空，最後停在一堵舊石牆上，比利十分著迷地看著這一幕。比利

從一家二手書店裡偷走一本有關獵鷹的書，並在某日從鳥巢裡抱出一隻長大的幼鳥。這是一隻雌鳥，比利把牠取名叫做凱絲。每天他都會想辦法找些肉餵牠，試著訓練牠，不過他認為紅隼是無法被訓練的，頂多只能教牠學會合作。或者說，其實是那隻紅隼正在馴服這個男孩？

比利沉浸在自己的幻想之中。他想要像這隻紅隼一樣，自由自在、無拘無束、獨立自主。然而，整個國家機制和學校嚴苛的教師，比利最後還是得在礦場工作。這個來自社會底層，個性敏感的夢想家，無法指望能有一個不同的命運。他從幼鳥開始養大的紅隼也不是自由的。牠不知道什麼是自由，也不需要自由。表面上看起來，野鳥似乎是自由的。牠們確實不受空間的束縛。但是，牠們的飛行需要有些目標。牠們受本能驅使，並非一時的心血來潮。牠們不會因為衝動就拋棄自己的雛鳥，而且牠們在秋天和春天的遷徙也不是一場度假旅行，而是一場生存的挑戰。像《鷹與男孩》這樣的故事，從來不會有一個完滿的結局，特別是那些使我們對世界的不公正感到憤怒的故事。這隻紅隼最後被殘暴的裘德給殺死，只為了懲罰比利偷走他的一筆小錢。紅隼的死代表比利的幻想破滅。剩餘的只有籠罩在煤灰下，慘淡的現實。

---

20 肯‧洛區（1936-），英國電影導演，深受義大利新寫實主義的影響，作品多關注社會底層的生活和勞工權益。

　　我在《鷹與男孩》與《惡魔島的養鳥人》（*Birdman of Alcatraz*）[21] 之間，找到一個相似處。《惡魔島的養鳥人》是根據事實改編的一部電影，內容描述勞伯‧斯勞特（Robert Stroud）被單獨監禁四十三年的故事。有天在每日例行的放風時間時，這個桀驁不馴，明顯有變態人格的犯人，在獄中的院子發現一隻被強風吹離巢穴的小麻雀，突然整個人軟化了下來。他得到監獄當局的許可，允許他將這隻小鳥帶回牢房裡養，並開始細心地照顧牠。這部充滿令人沮喪氣氛的電影，在這裡出現一個滑稽的元素——這個先例造成一場大混亂：高歌鳴叫的金絲雀出現在每一個殺人兇手、強暴犯和其他墮落者的牢房內。但是，其他犯人很快地就對牠們失去熱情，結果鳥兒一隻一隻地住進斯勞特的牢房裡。

　　斯勞特從費多‧戈梅茲（Feto Gomez）那裡獲得一隻金絲雀雌鳥。他決定在自己的囚室培育金絲雀。「新生命？在獄中？」獄警驚愕地說。「我想這不會對牠們造成任何影響。金絲雀本來就是住在籠子裡，」這個不抱幻想的監獄前輩如此回答。只有被關進監獄的人類，才會渴望自由。從籠子裡被放出來的金絲雀，無助地在牢房裡不斷揮動翅膀。牠們不懂什麼是自由。《惡魔島的養鳥人》是一部關於成功再社會化與制度的殘酷面的故事。以斯勞特為例，雖然他只有完成小學三年級的學習，但卻能讀得懂學術教科書和科學論文。他甚至發明了治療人工飼養鳥類常見疾病的藥物。他的研究成果發表在專業期刊上，許多大學也爭相提

供他獎學金。儘管如此，他從來沒有離開過監獄。也許當一隻不知道自由是什麼滋味的金絲雀，好過於一切。

　　發生在「觀鳥者」的窘境，也同樣發生在「追鳥人」（Twitcher）這個詞身上——波蘭文裡找不到像樣的對等詞。在波蘭文中，我們會用「以特定的方式行走」（Tłiczowanie）來表示一種特別的觀鳥活動，大部分指的是追逐罕見鳥類。很明顯的，Twitch 在英文中有「抽搐」和「痙攣」的意思。一個追鳥人是一個神經質的人，他會跋山涉水到好幾百英里遠的地方，只為了可以看到（或「打勾」22）一個新的物種。地點是由其他觀鳥者宣布，所以某種程度上來說，追鳥是一種寄生關係。重點是動作必須要快——某隻特定的鳥可能隨時會飛走，或是被其他早你一步到達的鳥人嚇跑。

21 《惡魔島的養鳥人》，是美國導演約翰‧法蘭克海默（John Frankenheimer, 1930-2002）於一九六二年所執導的電影，改編自真人真事，是監獄電影的代表作之一，獲獎無數。「阿爾卡特茲島」位於舊金山灣內，島上有一座監獄，專門關重刑犯，因此有「惡魔島」之稱。
22 這裡指的是在個人的生涯清單上打勾，表示發現並記錄下某個新物種。

4

　　典型的追鳥人幾乎很少會真正看小鳥一眼，他們在自己的清單上打勾後，馬上回頭繼續等候下一個新發現。他們密切關注提供稀有品種資訊的論壇和網站，並且會收到重要發現的訊息通知。在觀鳥社團裡，追鳥並沒有廣泛受到敬重，因為那並沒有帶來特別的好處。事實上，有時候可能是有害的，特別是小鳥因為受到驚嚇，而必須遷移到他處的時候。你可以自豪地談論某隻自己發現到的小鳥。但實際上，稱某人是個追鳥人其實是一種侮辱——這種常常出現在網路上的互相謾罵。

　　這種稍微貶低觀鳥的形式，正是源自觀鳥狂熱的英國。當某隻稀有鳥類出現在某人的花園裡時，同時一定也會引發混亂的場面：成千的追鳥人同時湧入，導致警方必須封鎖附近的街道。在不列顛群島，總共有六百萬的居民在觀鳥。他們組成一個敏銳的網絡，這也是為什麼在那裡可以看到一些有趣鳥類的機會相對較大。此外，來自北美洲的小鳥會定期飛到這裡來，而且也常常有機會能看見來自西伯利亞的罕見鳥類。偶爾狂熱鳥人之間會爆發打鬥的情形，有人會昏倒或甚至心臟病發作。狂熱者每一年都會花費數萬英鎊在全國各地追鳥。

　　我自己也犯過同樣的錯誤，追過一兩隻鳥，但是我試著將自己的瘋狂限制在理性範圍內。舉例來說，我不會去追那些自己沒有特別感興趣的鳥，也不會為了追某種鳥，大老遠跑到波蘭的另一邊。我還沒準備好為了去看一隻北美小黃腳鷸，而長途跋涉跑到西南方的拉齊博日（Racibórz）[23]。這種小黃腳鷸看起來長得很像我們的青足鷸，感覺不是那

麼特別，所以也不需要為牠感到特別興奮不已。但是，如果如果牠是停留在離家車程一個小時遠的澤格仁斯基水灣（Zegrzyński Inlet），那麼情況就完全不一樣了。來自北方的訪客——白翅交嘴雀——曾經讓我連追了好幾個禮拜。第二趟前往姆阿瓦（Mława）²⁴ 附近的觀鳥之旅總算有了成果。這種有著一身鮮豔紅色羽毛的美麗小鳥，正從落葉松松果中摘取種子。牠們那奇特的交叉嘴喙，簡直是為了這個任務所創造的完美設計。上、下鳥喙在嘴尖處交叉，形成了一個類似鉗子的構造。傳說交嘴雀曾經為了拔下耶穌身體上的指甲，因此導致嘴喙扭曲變形。

　　那是在一個烈陽反射在白雪上的午後，我們在比爾札沼澤區（Biebrza Marshes）的杜卡盧卡（Długa Luka）²⁵ 木道上與彼此擦肩而過。

---

23 拉齊博日，波蘭西南方的一個小城，距離首都華沙大約三百六十公里遠。

24 姆阿瓦，位於華沙北部大約一百三十公里遠的小城。

25 比爾札沼澤區，位於波蘭東北部的比爾札國家公園內，特殊的高地沼澤地形，吸引許多動物在此繁殖和棲息，是波蘭最大的國家公園，同時也是歐洲最大的動物保護區之一。此外，在這裡可以觀賞到波蘭 80% 的鳥類（約兩百五十種鳥類），每年春秋兩季會吸引許多來自世界各地的觀鳥者和鳥類學家。杜卡盧卡，是比爾札沼澤區內最大的一個低泥炭沼澤地，一條長達四百公尺長的木道穿越沼澤區，木道的盡頭有一個景觀台，提供絕佳的觀鳥視野。

通常在這裡行動並不困難，因為這是條蠻寬闊的木道，問題是現在這裡積滿了雪。如果不小心走出這條位置偏僻，被雪覆蓋的狹窄小道，就會掉進沼澤裡。波蘭政治人物亞努什・帕利科特（Janusz Palikot）[26] 從反方向走過來，脖子上掛著一副相當好的雙筒望遠鏡——萊卡或是施華洛世奇——我沒有看得很清楚。我先向他打招呼，他回了一聲「午安」，然後拿起望遠鏡。此時一群白額雁從頭上飛過。那次偶遇之後，我對他有了更高的評價。

另一個政治人物弗拉基米爾・「男爵」・查扎斯第（Włodzimierz ‘Baron’ Czarzasty）[27] 曾經說過，「每年至少有一個月的時間」，他會投入在對鳥類學的熱情上。他甚至吹噓說：「我才剛從納雷（Narew）[28] 和比爾札河谷（Biebrza Valley）回來，我到那裡觀賞流蘇鷸。」像往常一樣的好口才和幽默感，他把同是政治人物的唐納・圖斯克（Donald Tusk）[29] 比作一隻

---

26 亞努什・帕利科特（1964-），波蘭企業家和政治家，也是一個愛鳥人士。
27 弗拉基米爾・「男爵」・查扎斯第（1960-），二〇一九年成為波蘭下議院副議長，二〇二一年起擔任波蘭新左派（Nowa Lewica）的聯合主席之一。
28 納雷，位於波蘭東北部的一個村莊，同時也是納雷國家公園的所在地，有將近一百八十種的鳥類在此棲息。
29 唐納・圖斯克（1957-），二〇〇七至二〇一四年間擔任波蘭總理，並於二〇一四至二〇一九年間擔任歐洲理事會主席。

角雕，他解釋道：「這是一種猛禽，就像是一隻普通的老鷹或鵟鷹，唯一差別在於報復心更強。夜晚時牠會在樹林間捕捉獵物」。不知為何，這一幕一直停留在我腦中——當時還擔任波蘭總理的圖斯克在樹梢上追捕猴子，並用牠強而有力的利爪抓碎猴腦。但是，角鷹的報復心一點也不強，禿鼻烏鴉一點也不怨恨。人們也不會為了一個驚人的比較而改變什麼。

　　繼續再談談我們的另一個政治人物，我的電腦上存有一張亞羅斯瓦夫・卡欽斯基（Jarosław Kaczyński）[30] 的照片，照片中他坐在議會廳裡，正在研讀一本書。看起來正在進行一項不太重要的表決，因為坐在他旁邊的馬里烏斯・布拉斯查克（Mariusz Błaszczak）[31]，正拿著手機在講電話。也有可能是正值會議休息時間？這點並不重要。重點是正在讀的是一本關於波蘭最稀有的猛禽之一的書——大斑雕。他正仔細觀看一隻黑色的成鳥和一隻有明亮斑點的幼鳥。我一邊看著照片，一邊心裡想著：這人不會是個壞蛋吧。不知道他會不會私底下偷偷和他的政敵帕利科特和查扎斯第見面，進行他們共同有的嗜好？

　　電影中的鳥類學家很少會被刻畫成個性堅強、行事果斷的實踐家。話雖如此，還是有例外。比如，在美國電視影集《紙牌屋》（House of Cards）中，有個叫雷蒙・圖斯克（Raymond Tusk）的富商，他同時也是一個能源大亨。這部影集的主角名字叫做法蘭克・安德伍（Frank Underwood），他是個冷酷無情、憤世嫉俗的政客。某日安德伍前往圖斯

克的莊園，傳達總統想邀請他擔任副總統的訊息。法蘭克心中充滿嫉妒，因為他認為自己才是副總統的最佳人選。他不知道這只不過是一場在測試自己的騙局。事實上，他才是出現在副總統考慮名單上的人，而雷蒙的任務正是評估法蘭克的適任性。

此時法蘭克滿心憤怒，雷蒙卻非常享受其中。他帶法蘭克到花園，並向他展示幾隻啄木鳥。雷蒙是個業餘鳥類學家，換句話說，他是個典型的怪胎。法蘭克眼睛直視觀眾（這也是這部影集的特點），臉上充滿不屑和嘲諷。「真無聊，」他臉上的表情告訴觀眾。觀鳥是一個不重要的消遣，他們現在真正該要談論的是他感興趣的東西──權力。我們當然同意他的看法：打從一開始我們就是他的人質，他的惡行的沉默同謀者。但是，雷蒙卻對此嗤之以鼻，並打亂他的計畫。法蘭克也以其人之道，還治其人之身，他也開始鄙視這個富商，然後看見他真正的價值，最後再毀掉他。就像他清除所有阻礙他計畫的每一個障礙物那樣。

30　亞羅斯瓦夫‧卡欽斯基（1949-），波蘭最有影響力的政治人物之一，二〇〇六至二〇〇七年間曾擔任波蘭總理，多任的國會議員，以及波蘭副總理。
31　馬里烏斯‧布拉斯查克（1969-），二〇二二年接任亞羅斯瓦夫‧卡欽斯基成為波蘭副總理。

觀鳥強迫症是電影《年度鳥事》（*The Big Year*）（二〇一一）的故事主軸。這部美國喜劇片由大衛・法藍克爾（David Frankel）執導，卡司陣容龐大，但卻是個票房大毒藥。可想而知，影評也不會太過於正面——這部電影頂多只會讓人淡淡一笑。標題中的「年度」是指什麼？一場在美國不間斷，為期十二個月的追鳥馬拉松，從阿拉斯加的阿圖島（Attu Island），途經內華達州的沙漠，最後到達佛羅里達的紅樹林。許多鳥人都為此休假一年。紀錄保持者在社團中享受有如奧林匹克獎牌得主般的殊榮。

　　片中的三位主角必須同時應付對手和自己的問題。司徒・普萊斯勒（Stu Preissler，史蒂夫・馬丁〔Steve Martin〕飾演）是一間大公司的總裁，即將退休，但卻害怕退休後太過無聊，深受重返工作的誘惑。布萊德・哈里斯（Brad Harris，傑克・布雷克〔Jack Black〕飾演）是個典型的失敗者。他深陷中年危機，又因離婚而沮喪不已；現在他跟父母住在一起，還必須跟他們借錢才有辦法參加觀鳥活動。他的父親對自己兒子的嗜好相當不贊成。目前紀錄保持者是肯尼・波斯提克（Kenny Bostick，歐文・威爾森〔Owen Wilson〕飾演），因為對觀鳥的癡迷已經毀掉一段婚姻。隨著劇情的發展，他又因為追逐勝利再度賠上第二段婚姻。

　　這部電影並沒有試圖交代，為什麼會有這麼多人願意參加一場沒有獎金卻艱辛的比賽。這是一部暑假家庭片。對那些幾乎沒有注意到鳥類

存在的人而言，這場競賽以及其潛規則似乎顯得既可笑又荒謬。《年度鳥事》似乎想說服觀眾鳥類學一點都不無聊，觀鳥者並不瘋狂。但是，這部電影只是更加深這個刻板印象。《每日郵報》（*The Daily Telegram*）的影評人說到其中的要點：描述怪胎的電影需要用怪胎的方式表現。或許如果這部電影是由魏斯・安德森（Wes Anderson）[32] 所執導的話？

從一八〇一年至一九五〇年的觀鳥回報中，在波蘭總共有四百五十種不同鳥類被記錄下來。其中有些鳥類只出現過一次。一份生涯清單通常是一個鳥人觀鳥的開始。除非加強馬力，追逐每一種稀有鳥類，要不然到了某個時刻，整件事會變得有些沮喪，因為增加到清單上的新物種開始變少，時間也開始拉長。累積到三百種鳥類時，情緒已經不再那麼興奮。可以做些什麼來保持熱情呢？答案就是開始擬一份年度清單。或是越來越受歡迎的「西古北界清單」（Western Palearctic List）[33]。「古北

---

32 魏斯・安德森（1969-），美國電影導演和編劇，獲獎無數，作品以古怪和獨特的視覺和敘事風格聞名。
33 「西古北界清單」，這裡指的是由歐洲記錄與稀有物種委員會協會（Association of European Records and Rarities Committees）所提供的一份「官方」古北界西部鳥類名錄，最初於二〇〇三年發布。

4

界」是地球生物地理分區的其中一區，從烏拉爾山脈（Ursals）和高加索山（Caucasus）延伸到亞速爾群島（Azores），以及從斯匹茲卑爾根群島（Spitsbergen）到非洲北部（包括阿拉伯半島）。很顯然地，在今日這樣的長途旅行已不是個大問題。

　　為了收集一份像樣的年度清單，一個來自馬佐夫舍地區的鳥人會在新的一年開始時，仔細觀察出現在華沙附近田野的小鳥。有時一小群的苔原麻雀會因迷路而在這裡遊蕩，我們的北方猛禽毛足鵟正虎視眈眈地監視周圍。當結霜開始變多時，就是出發前往波羅的海的好時機——每年這個時候，海鳥會飛到沿岸附近。早春時節是貓頭鷹和啄木鳥進行求偶儀式的季節。鵝也準備開始遷徙。成千上萬以 V 字形飛行的小鳥，特別喜歡烏茲（Łódź）[34] 附近的幾處田野。四五月時，則可以前往比爾札沼澤區。不論是正在「玩交」的流蘇鷸和大鷸，或是若有所思地嚼著嫩草的麋鹿，全都可以在離首都不到一百二十公里遠的地方觀賞到。五月底、六月初時，就該是前往塔特拉山脈（Tatra Mountains）[35] 的時候了。

　　接下來就是一年中最令鳥人感到沮喪的季節——夏天。森林裡一片寂靜，只有不知疲倦的雲雀驕傲地在天空飛翔，以及在酷熱中仍唧唧地叫個不停的黃鸝。小鳥和牠們的幼鳥躲藏在樹葉叢中。到了八月初，秋天即將來臨時，遷徙的季節也跟著到來。第一批動身啟程的是喜歡溫暖氣候的小鳥，因此很值得前往盧布林（Lublin）[36] 地區的荒野。在那裡可以觀賞到威嚴的短趾雕在天空翱翔，以及沿著炙熱地面追捕昆蟲的西紅

腳隼。成群結隊的小鴴離開牠們位於北方的繁殖地之後，也出現在波蘭的天空中。秋季是一場大規模的遷徙。這時海邊是一個很不錯的觀鳥地點：許多遷徙中的鳥類會沿著海岸飛行。十月份，甚至到十一月，是屬於鵝和鶴的季節。牠們最大的聚集地在瓦爾塔河口（Warta Estuary）和八里奇河谷（Barycz Valley）[37]。隨著年度觀鳥接近尾聲，一切再度回歸寂靜。

---

34 烏茲，位於波蘭中部，是該國第三大城市。

35 塔特拉山脈，波蘭境內最高的山脈，塔特拉國家公園由波蘭和斯洛伐克兩國共享，一九九二年被聯合國教科文組織列為生物保護區。

36 盧布林，波蘭東部最大的城市。

37 瓦爾塔河口，瓦爾塔河是波蘭第二長河，河口處建有一個國家公園，園內有豐富的動植物群，包括兩百五十種鳥類。八里奇河谷是波蘭西南部的一個保護區，一九九六年「八里奇河谷景觀公園」在此建立。

鳥見在唱歌
人生活與藝術中的鳥和人

Dwanaście srok za ogon

5

Harbotka

哈伯特卡[1]

　　庫爾皮（Kurpie）[2] 地區一棟老舊的小木屋，鬆脫的木製百葉窗上還

殘留著斑駁的藍色油漆。整棟屋子幾乎要被樹皮小蟲蛀光，每年春天

1　哈伯特卡，馬佐夫舍地區最高的山丘之一。
2　庫爾皮，位於馬佐夫舍地區的一處低地平原，居住在該地區的人民擁有自己獨特的文化、傳統服飾和
　建築等。

我到此造訪時，每每對它居然還屹立不搖感到驚訝不已。還有一些老朋友。一隻總是朝著鬆動的木製百葉窗啄個不停的啄木鳥，牠常常吵醒睡夢中的我，許多年來這個百葉窗一直是牠的食物櫃。牠還經常拜訪附近的一處白樺樹林，在暴風雨侵襲時總會發出震耳欲聾的聲響，充滿韌性的樹幹在風中搖擺著。我會在那裡掛上吊床，小鳥很快就習慣這個紅色的東西。有次一隻瘋狂追逐蝴蝶的畫眉鳥，差點就迎頭撞上我的紅色吊床。緊挨在白樺樹旁的是沙沙作響膽小的白楊木，即使在無風的時候，它們也會搖晃個不停。只有老橡樹始終維持沉默鎮定：它們可不會輕易對任何微風讓步。

門旁的灌木叢中，一隻老鼠正拖著一條義大利麵。白天時，牠沒有什麼好懼怕的，因為早在十或十五年前，狐狸就已經在哈伯特卡絕跡了。層層樹葉覆蓋著數十個舊洞穴，遺棄的地道也早就倒塌。但是，黃昏來臨時，這隻老鼠不再感到安全，因為黑眼灰林鴞即將掌管這一個區域。一隻是紅色和一隻是灰色。牠們無法離開彼此生活。沒一起捕捉獵物時，牠們會發出鳴叫，並等待對方的回應。牠們可能是住在一隻黑啄木鳥留下的舊樹洞裡。就在昨天，我再度聽到牠們睽違多年的悠長叫聲。

外頭頹朽的小屋旁的那隻黑頂林鶯似乎無法接受，自己必須和另一個人共享這塊區域的事實。牠「嘻特－嘻特－嘻特」地叫著，一邊豎起頭上的黑羽冠，一邊生氣地盯著我看。烏鶇也有同樣的反應——每次只

要我走進黑刺李叢中，牠就一邊大叫，一邊拍翅飛離。牠是一種製造恐慌的鳥，但是我尊重牠一舉一動──我曾看過牠偷偷繞過我身邊，急著餵養牠的幼鳥。牠總是忙個不停，才剛叼著一隻毛毛蟲回到巢穴，隨即又出門去捉另一隻。牠全力以赴，絲毫不分心，也沒有半點猶豫，彷彿背後有什麼猛禽正在追趕牠似的。牠總是匆匆忙忙的，畢竟這是新誕生的第二代。再過不久，夜晚即將來臨，周遭很快就會籠罩在寒冷之中。

「死神小惡魔」北雀鷹也時常會飛來這裡。牠對屋頂上的那根乾樹枝特別情有獨鍾。牠先是停下來，接著用牠那既敏銳又尖銳的眼睛環視四周。牠立即作出決定，牠的生命節奏顯然比我們的還要快上許多。牠以迅雷不及掩耳的速度，朝著果園俯衝而去。接著如同一道閃電般，快速且敏捷地在樹枝間穿梭。只見牠貪婪地伸出長爪，想抓住飛散四處驚慌的金絲雀和金翅雀。這次他失手了。然後牠蠻不在乎地飛往河邊的方向。或許牠會在那裡抓到另一隻不小心的鳥？

為什麼叫哈伯特卡呢？想必是因為這裡的鄉紳喜歡一邊欣賞河谷美景，一邊品嚐好茶。或許這些老橡樹記得他──屋後那幾棵我已經爬過無數次的老橡樹，每年秋天它們的橡果子就像炸彈一樣打在屋頂

上？或許這是某個第二次世界大戰戰死的士兵的橡樹十字架？當地的人都說哈伯特卡鬧鬼。雖然他們會來這裡採蘑菇，但絕不會在這裡過夜，想都別想。

我能了解鄉紳的想法。從山坡上方延伸到地平線的盡頭，一片片的草地和樹林彷彿一幅美麗的鑲嵌畫，古老森林的遺跡全都在這幅畫中。朝著南方望去，斯羅特米耶斯（Stromiec）教堂的尖塔就佇立在遠方。往西一看，可以看見那座科齊尼采（Kozienice）[3]發電廠的煙囪（這是鄉紳當初始料未及的事）。夜晚即將到來，鶴群正在河邊的橙木林中鳴叫。牠們可能是住在河岸的盡頭，也就是從前渡船口和船夫的小木屋所在的地方：牆邊靠著一輛MZ摩托車[4]，一間梵谷畫中的房間——椅子和桌子。

往下穿過果園就能到達河邊。以前為了慶祝聖母升天日，我們都會到山坡下的草地採花。農耕拖拉機使用道路已經利用水泥石棉瓦屋頂補強過——那是有毒的材料，但至少不會傷害那些從自家屋頂拆掉這種石棉瓦的人。（再說把它們丟到垃圾場也非常可惜。）橙木叢，在右邊，過去幾年這裡有座野櫻莓農園，曾經流行過好一陣子。

3　斯羅特米耶斯，馬佐夫舍省的一個村莊，位於華沙以南約六十五公里。科齊尼采，位於馬佐夫舍省，華沙以南約九十公里。

4　MZ（Motorrad- und Zweiradwerk），德國一家專門生產摩托車的公司。

　　出現叉路。左邊的路通往橋。沿著一排柳樹走，我幾乎看不見後面的河流。緊鄰在旁的是河水最湍急的地方。河堤旁有寬闊的大片淺灘。有一次，父親與我往上游走了好幾百公尺。在我的記憶中，這就是亞馬遜河的最上游。纏繞一起的蛇麻藤，密不透風的灌木叢，人類足跡未到過，雜草叢生的島嶼。頭部有黑色羽毛，美麗的普通蘆鵐讓我感到興奮不已──牠們以前在波蘭被稱作「蘆葦麻雀」。我沒完沒了地說著關於蘆鵐的事，結果那天晚上我發高燒，病了一個禮拜。「蘆鵐的詛咒，」我父親毫不懷疑地說。

　　不過我們通常會選右邊的路走，順著長滿雜草的老河堤，沿著草地走──在一次前往匈牙利的旅行後，我們開始有點誇張地稱它為「普斯特」（puszta），意思是匈牙利大草原。當我還是個孩子的時候，這片草地看起來似乎一望無際，特別是在夏季尾聲，草地漸漸枯萎褪色的時候。有人在這裡架設球門柱，但我從來沒看過有人來這裡踢足球。我們的普斯特曾經是一座牧場，現在村子裡卻連一隻乳牛也沒有。

　　普斯特已經變了。十或十五年前，每年春天開始，直到六月河水氾濫時，這裡就會形成一個湖泊。我記得這裡會出現好幾百種的鳥類──燕鷗銀白色的翅膀在湖面上閃閃發光。當水退去後，河流一邊對於一年一度的破壞感到滿意，一邊不疾不徐地回到原來的河道上時，有著黑色尾巴，長長鳥喙的斑尾鷸和緊張兮兮的小辮鴴就會出現在草地上。只要

有任何一點小動靜，小辮鴴就會張開牠們又寬又圓的翅膀，在驚嚇中急急忙忙地飛走。我最喜歡牠們的叫聲——含著淚水，充滿感傷，像極了轉動老收音機的旋鈕時所發出來的聲音。

河水只會留在浮萍覆蓋、滿是軟泥的老牛軛湖裡。我把衣服綁在頭上，穿過溼泥，希望能一睹那容易受驚且難以捉摸的鷹斑鷸的風采，夏天時牠們喜歡在牛軛湖附近溼熱的泥沼裡戲水。這裡還有一群面對入侵者靠近自己巢穴時，堅毅且無所畏懼的黑燕鷗。牠們一邊發出刺耳的叫聲，一邊從經過的人類和動物的頭上，俯衝而過。生性冷靜且充滿驚覺性的沼澤鷂，慢慢飛過草地，仔細尋找田鼠洞或鳥巢。

河水暴漲時，水流看起來深不可測，感覺險惡猙獰。從上游沖下來的各種垃圾，堆積在小小的水灣處：舊冰箱、馬桶蓋、勾在低垂樹枝上的衛生褲。時間一久，衛生褲褪了色，變得灰灰的，有好幾次從遠處看，我都誤認為那是隻正在等待小魚上鉤的蒼鷺。

夏天時，水流大多平靜且緩慢，河底的沙子使它看起來黃黃的。隨著時間的流逝，沙灘變得越來越大片，小鴴小步快跑的模樣看起來就像上了發條的玩具。索科羅斯基寫道，每一隻「一秒跑九步」。一隻快速飛過水面正上方的翠鳥，看起來像極了一道翡翠綠閃電。雖然牠的波蘭文名字叫做「冬生」（Zimorodek），但事實上牠並不是在冬天出生的，而是誕生在陸地上——特別是在河盡頭的那片沙灘。人們會從村子開著

農耕拖拉機到這裡來，後頭還會另外拉著一輛拖車，於是沙灘就會被占去不少的空間。由於沒有地主宣稱擁有這片沙灘，久而久之，沙灘就漸漸消失不見了。

　　這個老牛軛湖中長滿了許多的水生植物。現在在湖岸邊已經看不到小辮鴴的身影。草地也不再是由溫馴的乳牛負責割草的工作，而是冷漠的割草機。每一年，都有數百隻的小鳥死於銳利的刀片下，以及打過狂犬病疫苗的狐狸利牙下。夜幕低垂，當有著一雙大眼睛的鹿睡著時，你可以聽見一種像是豬叫的聲音，這可能是波蘭大自然中最奇怪的聲音：一隻嬌小的普通秧雞，牠是溼地的神祕居民，在夜晚來臨前宣布自己的存在。

　　黃昏時分，天空變得晴朗，色彩逐漸消失，粉紅色的餘暉也慢慢褪去。鳶尾花的黃色花罩繼續在黑暗中閃爍著光芒。一陣溼冷的迷霧飄向地面。在相機的閃光下，可以看見這團迷霧的結構，水氣的旋轉分子清晰可見。在樹林附近，傳來急促的轟隆聲，樹枝折斷的聲音，接著是一隻小鹿的哭聲。這麼說可能很奇怪，小鹿的哭聲聽起來很像喝醉、吵鬧的足球迷。

derkacz
長腳秧雞

　　刺耳吵雜的鳥鳴聲漸漸安靜下來，大葦鶯也不再發出叫聲。夜鶯一點也不感到疲倦，繼續留在原地，同時長腳秧雞也加入牠的「吶啦－吶啦－吶啦」聲。莎草叢中傳來水蒲葦鶯金屬般的叫聲，聽起來一點也不像是鳥聲，反而更像是蟲鳴。整個夜晚，各種鳥鳴不間斷，直到翌日清晨：夜鶯、長腳秧雞、水蒲葦鶯，還有小秧雞無精打采的叫聲。

　　清晨四點鐘，天空已經出現一點亮光。但是，由於乳白色的濃霧，能見度只剩三十公尺。畫眉鳥重複唱著同樣的歌曲，充滿生氣。剛從睡夢中甦醒的黃鸝，在整日演唱前，先以斷斷續續的短曲拉開序幕。水蒲葦鶯暫停自己單調的鼓鳴，不過這麼做只是為了在樹枝上換一下位置。長腳秧雞一邊靠近，一邊吶啦－吶啦叫，叫聲還夾雜著一個奇怪的嗡嗡回音，聽起來好像是磁帶的倒帶聲。我看到的並不是鳥本身，而是牠在不堪露珠重量的草地中快速移動的身影。耳邊同時傳來長爪子踩踏溼草地的聲音。

　　受到驚嚇的長腳秧雞並不會飛離，反而比較喜歡以快步的方式跑離現場。有次我手中抱著一隻水蒲葦鶯，牠是長腳秧雞的近親，我對牠那與身體不成比例，強而有力的雙腳，感到驚訝不已。重新獲得自由後，水蒲葦鶯先是快步跑了幾十公尺，最後才展翅飛走。牠快步跑的樣子像極了一隻小雞（牠剛好也有一雙有力的腳）。

同時有一隻不見身影的長腳秧雞在我身旁兜圈子，並從草地的藏身處偷偷注視著我。牠的叫聲應該有超過一百分貝，我感覺自己的耳膜快要被震破。最後就在幾公尺遠的地方，我看見一隻灰頭短嘴的小鳥從灌木叢中短暫地探出頭來，然後又馬上消失不見蹤影。不一會兒功夫，五十公尺遠的地方再度傳來叮啦－叮啦聲。我知道自己再也受不了了。站在樹林中，我往後退了幾步，觀看那隻不再感到驚嚇的小鳥，一雙大腳懶懶地垂掛著，正低空飛過草地。牠的短尾不利於降低速度，所以牠就像個滑雪者那樣減速，垂直轉向飛行航道，然後笨拙地跌進草叢裡。

　　時間將近五點，水蒲葦鶯的叫聲漸漸被其他幾百種鳥類的喧囂聲吞沒。我穿過宛如溼漉漉狗毛般的草地，很快地褲子就緊緊貼在大腿上。迷霧中很難正確判斷距離的遠近，聲音以不同的方式穿越草地。每隔約十公尺我就停下腳步，感覺水蒲葦鶯就在那裡。但是，什麼也沒有。原來牠停在好幾十公尺遠的一根枯樹枝上，這比我想像中的還要遠許多。牠引吭高歌，大聲鳴叫，彷彿周圍的整個世界都不存在似的──整顆頭往後高仰，拉開喉嚨，全身隨著金屬般的單調叫聲劇烈顫動。

　　在一個七月的夜晚，我沒有朝南往河的方向走，而是選擇往北走，穿過一排排低矮的蘋果樹，它們一直延伸到格羅耶茨（Grójec）[5]。再過一個月，它們的樹枝就會因為掛滿成熟的果實而發出埋怨聲。野櫻桃的季節已過，櫻桃在陽光的照射下已經變黑。因為一個月前，果園遭到氣槍的猛力打擊——人類與無數的八哥之間的永恆戰爭。驅鳥的氣槍聲只有驚嚇到我的狗。金絲雀和金翅雀照樣老神在在地在電線上快樂地跳耀著。

　　一隻雌性沼澤鷂低空飛過樹頂。其他體型更嬌小的鳥兒分散四處，喋喋不休。頭上明亮的羽毛與牠的深色羽毛形成強烈對比。有的人會稱牠為「金髮女郎」。我們四目交接片刻，我看到專屬於掠食者的那種準備奪命的無情眼神。鷂科鳥類並不是動作最快速，或最致命的一種猛禽，但是在我眼中，牠們是最美的猛禽。其中最美麗的非烏灰鷂莫屬，但老天，牠們也是另一個農業機械化的犧牲者。牠們的巢穴和幼鳥全隨著麥穗一起被割下。

　　烏灰鷂體態優雅，有著又長又細的翅膀，均勻、不過於陽剛的身體，看起來有點像貓頭鷹的寬圓頭。身體的構造並不是為了炎熱的空氣所量身打造而成的。事實上，牠那有限的翅膀表面並不利於在雲層中翱翔，一陣強風就能把牠吹個七顛八倒。細窄的翅膀看起來一點也不像獵鷹鐮刀形的彎翅，可以幫助牠在受到襲擊時，身體得以呈現空氣動力學的完美技能。烏灰鷂的翅膀最適合在草地上展開嚴謹的巡邏工作。我曾經觀

看過一隻美麗的淺灰色雄鳥，牠在草面上方約一公尺處緩慢地飛行。從遠處看，牠看起來彷彿靜止不動，但是機會一來，牠立刻收起雙翼，向下俯衝，緊緊抓住獵物不放。

　　沼澤鷸捕捉獵物的方式也大同小異，不過蘆葦叢才是牠捕獵的天然地盤。「金髮女郎」一點也不挑剔，牠絕不會拒絕送上門來的老鼠，或果園裡的小田鼠。這隻有著深色羽毛的鳥迅速改變飛行航道，我的存在可能會妨礙牠的捕獵大計。果園的盡頭有一排松樹，樹後的某個地方傳來林百靈漸低的囀鳴。波蘭的鳥類中，再也找不到比林百靈歌聲更哀傷的小鳥了。更因為牠甜美卻傷感的叫聲，拉丁文名字叫做「嚕嚕啦」（Lullula）。奇怪的是，牠的近親雲雀卻有著完全不同的歌聲，既活潑又歡樂。

　　我沿著松樹林走，突然間就在我的頭上方，傳來牠的歌聲。林百靈輕輕拍著翅膀，幾乎是停留在空中，在這樣寂靜的夜晚裡，吟唱著旋律漸快的曲子。我在散發化學藥劑味道的草地上躺了下來。現在每天果樹都會被噴灑藥劑。門得列夫（Mendeleev）[6]是果園主人的守護神。儘管如

5　格羅耶茨，位於中部馬佐夫舍省的一個小鎮，距華沙約四十公里遠。
6　德米特里‧門得列夫（Dmitri Mendeleev, 1834-1907），俄國化學家，發明化學元素週期表。

此，並不是所有的生命都會被毒藥消滅。我望著林百靈看了一會兒，牠突然展翅飛走，消失在我的眼前。

回到家時，夜色已黑，這時才發現手機不在我的口袋裡。我想手機一定是留在桌上了，但這種想法根本就是自欺欺人。在內心深處，我深知手機就在那裡，在果園裡，就在樹上那隻林百靈的下方。因此這個晚上有了個意外的結局：我開車回到一排排的果樹林中。在一條泥巴路上，一輛大農耕拖拉機很有禮貌地讓我先行駛過。我幾乎沒注意到那個未成年，卻有張中年老手的臉的駕駛。我的車頭燈驚嚇到一隻逃跑小野兔，金黃色的小眼睛在黑暗中閃閃發亮。我搖下車窗，但再也聽不到林百靈哀傷的歌聲，只剩農耕拖拉機的隆隆聲以及噴嘴的嘶嘶聲。這個機器怪獸駛過果園，三隻眼睛發著光。我停下腳步，往左邊走三步，對自己的精確判斷感到驚嘆不已。從地上撿起一個銀色的東西。潮溼的螢幕上顯示晚上九點四十七分。

6

The Basilisk in the Frying Pan

煎鍋裡的蛇怪[1]

---

1 蛇怪（Basilisk），希臘羅馬神話中的生物，傳說牠是一種長著公雞頭、黃色眼睛、蛇尾、雞腳、龍翼的小蛇，具有強大的力量和劇毒，只需透過眼神或氣息就能殺死獵物。傳說在華沙舊城區廣場有一座廢棄的城堡，地下室裡住著一隻蛇怪，牠在夜裡會到城裡四處遊蕩，大肆掠奪居民牲畜和財產。後來有個裁縫師想到對付蛇怪的方法，他在白天偷偷潛到地下室裡，在蛇怪面前放了一面大鏡子，並發出聲音把牠吵醒。當牠憤怒跳起，準備攻擊裁縫師時，卻被鏡中自己的影像嚇壞，瞬間變成一顆石頭。

🦅 一月三日

　　事實證明，一片灌木叢就足以吸引到很有趣的小鳥。每年都可以聽到夜鶯在「煎鍋」（華沙地鐵「中央站」站前的廣場）上方的灌木叢裡，拉開嗓子，高歌鳴唱。這個地方基本上是流動小販的垃圾桶和流浪漢的廁所。儘管如此，每個夜晚這個歌手都毫無畏懼地回到這裡，向城市的居民緩緩傾吐自己的憂傷。這片雜亂的灌木叢還吸引其他完全意想不到的小鳥前來。每年春天一到，在這裡可以聽到圃鵐的優美歌聲，沼澤鷚的即興演唱以及大葦鶯的刺耳叫聲。過去一個月以來，有隻橫斑林鶯也出現在灌木叢中。這是這種鳥類初次嘗試到波蘭過冬。這隻橫斑林鶯特別喜歡里程碑旁的小檗灌木叢，一雙如蛇怪般的黃眼睛，虎視眈眈地盯著四處看。牠悠哉地站在樹枝上，絲毫不感到害怕，並任人從幾公尺外的地方為牠拍照。

jarzębatka
橫斑林鶯

一月五日

　　斯卡雷謝夫斯基花園（Skaryszewski Park）[2] 是華沙最古老的公園之一，長久以來一直被「再生」幽靈所困擾。這個官僚部門的流行術語，凍結了城市綠地愛好者的滿腔熱血。根據其詞源，「再生」這個詞有恢復生機的意思，這意味著砍掉灌木叢和樹木。從官方的理想角度來看，這代表一片乾淨的草地，高度修剪的跟高爾夫球場的草皮一樣短，還有一棵棵不會帶來麻煩落葉的針葉樹——就像電腦視覺模擬的新興住宅區影像。其中一個官方授權的蓄意破壞例子就是克拉辛斯基花園（Krasiński Gardens）[3] 的再生計畫，所謂的原始「觀賞軸線」[4] 獲得修復。許多的灌木和數百棵樹木被移除，其中包括那些在一九四四年起義中[5]，幸運躲過當時城市遭到破壞的樹木。寬闊的視野，可以看到史達林主義的政治犯廣場（Skwer Więźniów Politycznych Stalinizmu）和中國大使館的高牆。鳥類的數量因此減少一半。

　　他們也曾經威脅要重建一百年前斯卡雷謝夫斯基花園的「軸線」設計。老洋菩提樹和椈樹大道正處於危險之中。同樣的問題再度浮現，都市綠地是否只是一個在計畫書上看起來賞心悅目，似乎符合美學觀點的假貨。馬切伊・盧尼亞克教授（Maciej Luniak）[6] 提出了一個非常正確的看法，早在我們熱衷於「觀賞軸線」美學觀點時，城市公園的功能就已經產生變化。十九世紀的華沙居民並沒有到瓦津基公園（Łazienki Gardens）[7]，

尋求遠離城市的喧囂。他們在公園裡散步，藉機展示自己的社會地位，禮貌性的互相鞠躬問好，或有教養的與彼此交談。窮人和衣著打扮不入流的人不被允許進到公園裡——簡單來說，禁止進入的是那些會破壞上流社會田園風情的人。相較之下，二十一世紀的傳統顯得相當民主，人們在都市綠地裡尋求寧靜。現代的人希望能夠更接近大自然。為什麼他們在這裡沒有發現大自然，並在城市裡為大自然而戰？

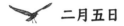 二月五日

城市小鳥比起牠們的野生近親們要來的不害羞。居住在公園裡的鳥類有一個所謂較小的飛行區。一隻森林裡的烏鴉一發現人的蹤影，馬上

2　斯卡雷謝夫斯基花園，當年屬於名為斯卡雷謝夫斯基的小村莊，因而得名。兩次世界大戰期間，以波蘭作曲家、鋼琴家和政治家伊格納奇‧揚‧帕德雷夫斯基（Ignacy Jan Paderewski, 1860-1941）命名，又稱帕德雷夫斯基公園。一九八〇年，再度改回原名。

3　克拉辛斯基花園，是十七世紀克拉辛斯基皇宮建築群的一部分，幾個世紀以來陸續經過好幾次的修復，寬闊的大道取代原來的林蔭大道。

4　克拉辛斯基皇宮以法國凡爾賽宮為原型所建，作為巴洛克建築風格——「在庭院和花園之間」（entre cour et jardin）的一個例子，宮殿位於「榮譽庭院」和花園之間，形成所謂的「觀賞軸線」。

5　一九四四年華沙起義期間，克拉辛斯基花園曾是一座堡壘，阻斷德軍進入舊城區的通道。

6　馬切伊‧盧尼亞克（1936-），波蘭鳥類學家。

7　瓦津基公園，華沙最大的公園。在十七世紀是作為皇家私人浴場公園，一直到一九一八年才開放給一般民眾。

就會邊叫邊逃走。野生的綠頭鴨也有類似的反應，雖然牠們在公園裡以乞討食物聞名。任何一個鳥人都知道，野外裡的小鳥在看到人影時，只會嚇得急忙飛走。城市小鳥一派輕鬆的個性使我們可以好好觀察牠們的獨特行為。最有趣的例子非烏鴉莫屬，一副自作聰明的模樣，眼神不懷好意，明目張膽的態度，以及牠們打開垃圾袋的高超技巧。今天在莫科托夫斯基田野公園（Pole Mokotowskie Park），我看到一隻嘴裡叼著白色東西的烏鴉。起初我以為是顆鴿子蛋，但當牠降落在柏油路上時，牠吐出嘴裡的寶藏。結果那是一顆高爾夫球。這隻烏鴉目不轉睛地看著那顆慢慢在路上滾動的奇怪的蛋。牠明顯對這種奇怪的動作感到十分有趣。現在這顆球隨著凹凸不平的路面，一下加速、一下變慢，或掉進車子壓出來的淺溝裡。最後球終於停了下來。烏鴉先是等了一下，接著又重複同樣的遊戲。

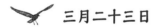 **三月二十三日**

　　華沙的比拉尼區（Bielany）有一對明星遊隼夫婦法蘭克與蕾斯娜，牠們剛孵出第一顆蛋。牠們的鳥巢蓋在一個非常不尋常的地方，一棟十四層樓高的公寓陽台上。我喜歡這對比拉尼區的遊隼，牠們不會從

一百二十公尺高的地方，猛盯著下方密密麻麻如螞蟻般的人類，就像文化宮（Palace of Culture）[8] 那一對自負的夫妻那樣。這對比拉尼區夫婦過著像一般華沙居民的普通生活——住在公寓大廈裡。在牠們的巢穴旁架有一個網路攝影機，因此人們時時刻刻都可以觀看牠們的一舉一動。在電腦螢幕前觀鳥非常適合練習放鬆——遊隼在巢裡，或遊隼不在巢裡。牠正窩在巢裡，或牠正忙著其他的事。有霧的時候，當然就什麼都看不到。這是一對非常有趣的遊隼。雄鳥腳上有腳環，代表牠是「野外放歸計畫」的一員，雌鳥的腳上則什麼都沒有，這表示牠是隻野生的遊隼。在這對遊隼身上，可以清楚證明愛是盲目的。有許多人追蹤這對夫婦，並互寄各種狀況的截圖：蕾斯娜抓到一隻蝙蝠，法蘭克正在搔牠的耳朵，被雨淋溼的法蘭克（牠看起來就像是隻落湯雞）。但是，固定的攝影機不會向我們展示牠們最令人讚嘆的地方——牠們捕捉獵物的絕技。

　　就是在這棟位於比拉尼區的公寓大樓附近，我親眼目睹自己在華沙看到的唯一一次遊隼捕獵活動。牠先是往天空翱翔，眼睛盯著某個我看不見的點。在一陣強風的助勢下，用力揮動翅膀，並飛到合適的高度，隨後像顆石頭般以迅雷不及掩耳的速度降到樹林後方。我沒有看到牠以利爪掐住獵物，並從地面叼走牠的畫面。我只看到這次行動刺激的開場以及壯觀的結尾。幾分鐘過後，這隻遊隼再次出現眼前，利爪裡有隻烏鶇。牠停在住家屋頂的邊緣上，在夕陽餘暉下，拔掉那隻死鳥的羽毛。這一幕看起來就像牠在這場表演結束後，朝著觀眾灑紙花似的。

十九世紀中期，波蘭的鳥類學之父瓦迪斯瓦夫・塔扎諾夫斯基（Władysław Taczanowski）[9]也在華沙觀察過遊隼。他曾經這樣描述一隻遊隼雌鳥：「……每年秋天牠都會來到華沙，整天坐在位於克拉科夫郊區街（Krakowskie Przedmieście）的聖十字架教堂的飛簷上。牠完全不在意這座城市的喧囂，或是熙熙攘攘的行人。牠總是老神在在地，安靜放鬆地打瞌睡，自顧自地梳理自己的羽毛，在這個安全的地方，享受不受拘束的時光。每天早上十點鐘左右，牠為自己抓來一隻鴿子，在城市居民熱切期待一場娛樂表演的目光下，平靜地拔掉鴿子身上的羽毛，並當眾把牠撕裂。男孩們有時候會朝牠扔石子，大聲叫喊，用力鼓掌，用各種方式想嚇跑牠。但這隻小鳥完全不為所動，繼續自己正在進行的事。」

 三月三十日

法蘭克與蕾斯娜現在已經有四顆蛋了。

8　文化宮，全名為文化與科學宮，建於一九五五年，是華沙與波蘭第二高的建築物，總高為兩百三十七公尺。

9　瓦迪斯瓦夫・塔扎諾夫斯基（1819-1890），波蘭著名鳥類學家和動物學家。

四月二十二日

　　松鼠明目張膽地爬到遊客的褲子上。一隻個性溫馴，不怕人，名叫多夏的鹿。孔雀的叫聲傳遍整座公園，牠們在水上宮殿（Palace on the Water）¹⁰ 前，姿態驕傲，得意洋洋，讓人為牠們拍照。顯然有隻狐狸吃掉其中的一隻自戀孔雀，因此整個狐狸家族被逐出宮殿公園以示懲罰。事實上，我相信這是一次驅逐。我總會尋找灰林鴞的蹤影。有時候牠們會出現在折斷的樹冠上，或皇宮橘園的附近。今年春天有四隻毛茸茸的幼鳥出生，現在牠們溫順地高高坐在一棵雲杉木的枝頭上。從地面上很難看到牠們的身影，我花了十或十五分鐘不斷地變換位置，最後才從雙筒望遠鏡中看到牠們。

　　樹腳下有一些小糞球，那是被吃掉動物未消化的殘骸，形狀看起來就像噁心的圓柱狀麵疙瘩。我帶了一顆回家，並把它放在溫水裡。我原本以為是老鼠毛或田鼠毛，結果是一團壓縮的羽毛，還有被胃酸腐蝕過的小骨頭，那是灰林鴞鈣質的來源。如果牠們只吃肉類，牠們的骨骼就會變得過軟而變形。灰林鴞到底吃了什麼？我拿近仔細一看，細長的腳和爪子看起來像是隻歐亞鴝，不過也有可能是其他的小型鳥類。最近幾年來，瓦津基公園裡有大量灌木林遭到砍除，常來的遊客說小鳥的數量因此減少許多。假如雪莓、紫杉木或衛矛灌木能倖存下來的話，夜晚就能聽到歐亞鴝清脆的叫聲了。

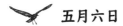 **五月六日**

幾天前，法蘭克與蕾斯娜已經孵出三隻小鳥。看起來不會有東西從那第四顆蛋裡探出頭來了。

五月八日

「鳥類巡邏隊」是一個由雷娜塔・馬科維斯卡（Renata Markowska）帶領的志願團體，他們為都市小鳥的生存權奮戰。今天是我們第一次對在普拉格區（Praga）所進行的暖氣空調管道工程採取行動。公寓屋頂的通風口已經被堵住，導致從去年開始雨燕就無法再回到牠們的巢穴。事實上，牠們的棲息地有受到法律的保護（《自然保護法》和二〇一四年十月六日通過的環保條例），也就是說，大樓管理委員會並沒有獲得官方的許可允許他們破壞雨燕的巢穴。儘管如此，大樓管理委員經常忽視法規，再說罰款也低得相當離譜。除此之外，住戶很少提出抗議，就算有

---

10 瓦津基皇宮（Łazienki Palace）位於瓦津基湖的人工島上，因此又稱水上宮殿或島上宮殿，建於十七世紀，一九四四年華沙起義時，內部遭到德軍的破壞，第二次世界大戰後重建。

結果通常也是徒勞一場。博物學家通常也選擇不碰這件事，因為過程艱辛又吃力不討好，再說雨燕也不是一種瀕臨絕種的鳥類。對雷娜塔而言，整個繁殖期代表的是不斷地從城市的一端來回跑到另一端。一整天從早到晚。四個月的神經緊繃，反覆與政府部門打交道以及和大樓管理委員會的成員爭吵。

我們回過頭來。雨燕新月形的黑翅膀與刺耳叫聲劃破天空。在寂靜的夜晚裡，數以百計的雨燕扯開喉嚨大叫。這將是整座城市夏日最美妙的聲音。這個飛馳的空中中隊將會彼此競爭，就像賈科莫·巴拉（Giacomo Balla）[11] 那幅名為〈雨燕：運動路徑 ＋ 動態序列〉（*Swifts: Paths of Movement + Dynamic Sequences*）的畫作那樣。一個深色彎曲的弧線以柔和的線條重複出現，就像出現在一張模糊的照片中似的。一群鳥的飛行軌道與另一群小鳥的飛行路徑重疊。活力、突然，同時又充滿運動的流動性。這幅畫的波蘭文標題是「燕子的飛行」，問題是雨燕和燕子雖然長得很像，但彼此卻是屬於不同種類的小鳥。在我們繞著大樓走時，暖氣空調的施工人員割破了我的腳踏車輪胎。

五月十一日

我在歐侯塔區（Ochota）附近的一處小公寓住宅區外看了看，J 和 M 就住在這裡。已經有三棟公寓完成暖氣空調的工程，到處都是麻雀。排

水溝後面有四個鳥巢，窗台下面有一個，另一條排水溝後面也有兩個。我走向前去，並試著以官方口吻找工程主任談，我說：「早安。大樓上有麻雀窩，必須停止施工。」那傢伙和藹地對我說：「我知道，我知道，我們現在什麼都不會做，今天下午有個鳥類學家會過來一趟。」我不相信他。其中一個有禮貌，名叫普澤梅克先生的工人向前說，他有留下那個鳥類學家的電話號碼。他的名字叫做馬呂斯。「他姓什麼？」我問，或許我認識這個人。「鳥類學家馬呂斯，」普澤梅克先生微笑著回答。我打了通電話，對方真的是位鳥類學家。他說他已經知道這件事，但還是會撥空來一趟，看一看，然後作出評估。我決定為這家負責處理麻雀，看起來不尋常的建築公司的貨車拍張照片。我拿出相機時，某個人朝著我跑了過來。他伸長脖子，僵硬的雙臂緊貼著身體。

「這是在做什麼啊？你拍照片要做什麼？這是我的貨車，不要亂拍照啊！」

「先生，我是想幫你打廣告，告訴大家你沒有堵死這些麻雀。」

「嗯？嗯？」那傢伙心不在焉地眨眼。「喔，好吧。我還以為是因

---

11 賈科莫・巴拉（1871-1958），義大利未來派畫家。巴拉深受動態運動和速度所吸引，並透過攝影描繪自己畫作中的運動，〈雨燕：運動路徑＋動態序列〉是其中一代表作。

為我們把車停在草地上，不過這是被允許的吧？這片草地是屬於住宅協會的地，對吧？」

🦅 五月十六日

　　今天在沃拉區（Wola）附近的暖氣系統現代化工程已經完工。其他兩個志工和我一起協助鳥類學家多蘿塔（Dorota）檢查大樓。每隔一兩分鐘，我們就可以看見家麻雀和樹麻雀飛進通風口裡。在另一面牆上，有隻藍山雀在空調管線進入大樓的地方蓋了一個鳥巢。在繁殖期間，任何一個準備對暖氣系統現代化工程提出評估的鳥類學家，都必須先進行檢查工作（很不幸地，不是每一個鳥類學家都願意這樣做）。如果發現小鳥剛好已經下蛋，那麼工程就必須暫停。幾分鐘後，兩個傢伙態度果斷地走向我們。他們是自以為是的住宅協會大老。

　　「多蘿塔小姐，我們已經開始對這些感到厭煩！」年紀較輕的那個傢伙首先發難。他們付錢收買鳥類學家的評估報告，但如果工程已經開始進行，他們不會為了例行檢查付半毛錢。年紀較年長的那個傢伙以一種華沙式的拉長口氣抱怨道：「你到底想要多少……錢？這根本就是搶……劫！你究竟還想要跟我們敲詐……多少？」他無法理解有人會在空閒時間志願為了保護大自然做這些事。沒看到麻雀可以安心平靜養育

幼鳥之前，多蘿塔是不會輕易罷休的。除此之外，還必須確定在繁殖期過後，這個地方會架設巢箱，這也是所謂的「補償」[12] 的一部分（不過，「再補償」這個字似乎更適合描述這個情況）。

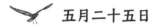 五月二十五日

　　有時我想知道在鳥兒的眼中，華沙是一個什麼樣的城市。也許對牠們來說，這座城市也是大自然景觀的一部分？山脈般連綿起伏的住宅區，強風吹襲的摩天大樓峭壁，平緩山丘似的老舊公寓住宅區。無人居住的房屋看起來像是荒涼、長滿苔蘚的懸崖。深不見底的峽谷街道。陽台和窗台懸崖。雜草叢生的空地乾草原。建築工地岩石堆。鐵軌側線大草原。河岸旁的熱帶叢林。電車牽引纜線宛如藤本植物。綠洲廣場和排水溝乾河床。破裂的柏油路小水坑。噴水池瀑布。池塘、泥巴坑、湖泊。歐洲最後一條主要的野生河流。

　　城市生活需要靈活性。你必須習慣不斷變化的景觀，人類長期的存在，街燈和二十四小時不停歇的車流。然而，還是有值得感激的便利性。少了許多掠奪者，以及充足的食物（尤其是對那些善用垃圾的小鳥而言）。許多的鳥類是近年才搬到城市的。比如說，一直要到一九六〇年代，烏鶇才出現在華沙市中心。喜鵲搬到華沙也是近期的事。適應都市環境的過程稱為「同化」（Synurbisation）。

六月一日

　　莫科托夫斯基田野公園裡的「狂野角落」。市政府正計畫在這裡打造一個遛狗場，裡面設有障礙物、訓練隧道和水池。根據官方的說法，總共「只有」砍掉二十六棵樹，但是實際數目可能高達四倍之多。這裡的許多李子樹和蘋果樹是來自從前的社區花園。不幸的是，法律規定砍伐果樹並不用受到懲罰。沒有人與當地居民協商過這些計畫。沒有人評估過這個地方的自然價值。我敢打賭沒有哪個政府官員會實際來參觀這個地方。批准這項計畫的環保局還表示，將會對遛狗場裡的樹木進行消毒工作。政府官員們怕狗尿。野生動物無權在此生存。

　　根據一位參與這個案子的生物學家表示，從大自然的角度來看，狂野角落是公園裡最有價值的地方之一。保羅（Paweł）和我負責清點與繪製鳥巢地圖。我的同伴是個專業的鳥類學家，已經在這裡辦過好幾次的兒童工作營，所以對這個地方非常熟悉。雖然時間不利於我們的清點工作（樹冠已經長滿茂密的樹葉），在短短的半個小時內，我們已經找到

12　巢箱是指為野生鳥類設計的人工鳥巢，通常架設在公園等處，以確保牠們能夠有一個安全的地方繁殖並撫育幼鳥，作為人類破壞其自然棲息地的「補償」。

十七個去年留下來的鳥巢。對這麼小的一個區域而言，這的確是個驚人的數目。再說，也很難確認我們究竟還漏掉多少個巢穴。田鶇（八個）、大山雀（兩個）、翠鳥（兩個）、八哥（兩個）、黑頭鴉（兩個），還有一個無法辨識。整個春天在這裡都有看到臘嘴雀的身影，所以牠們應該也會在這裡築巢，也許就隱藏在某個濃密樹葉叢裡頭。

大多數的都市鳥類選擇在政府官員最討厭的果樹和灰葉楓樹上築巢。灰葉楓樹尤其不受歡迎。「入侵種，」他們在市政廳裡如此抱怨，彷彿在討論某些丟臉的疾病似的。或許在樹木學家眼中，灰葉楓樹是比較不珍貴的樹種，但它們經得起乾旱的考驗，撐過寒冬時節鋪灑在人行道上的除冰鹽。它們四處生長。小鳥也不會埋怨，而且灰葉楓樹和果樹有許多的天然樹洞。其中最有趣的是一個田鶇棲息的樹洞，就築在離地面不到一公尺，一支跟樹糾結在一起的鐵柱上。城市的小鳥會因地制宜，利用任何適合的地點築巢。牠們在尖椿籬笆上、圍欄大門的鎖上和街燈上下蛋。牠們一點都不挑剔。

六月九日

莫科托夫斯基田野公園裡的一個人工水池。有隻叫菲菲的狗，已經跳進池子裡，並跟在一隻鴨和牠的三隻小鴨後面游了十五分鐘。這隻鴨並沒有飛向空中，只是帶領著牠的孩子們繼續划水。狗主人從岸邊敷衍

地叫著，「菲菲，菲菲！」菲菲的注意力全都在鴨子身上，已經在池子裡繞了八圈。兩個愛好運動的年輕人在旁邊看。其中一個終於失去耐性，破口大罵——「他媽的！脫掉你的褲子，走進水池裡！」他對朋友和我解釋，他實在不忍心看那隻可憐的鴨子受到這樣的折磨。那個狗主人先是有些退縮，但過沒多久就使出殺手鐧：「你無權對人這樣說話，我會報警！」彷彿聽候指示似的，樹後隨即走出兩名警察。「有人報警說你放狗追鴨子。先生，現在走進池裡。」年輕人大獲全勝，忿忿不平的狗主人故意慢慢地一隻一隻脫掉他的灰色襪子。接著捲起褲管，走進池子裡。菲菲這時才回過神來。狗和主人一起爬出水中。這時岸上已經開妥一張罰單。

 六月三十日

　　茲比謝克（Zbyszek）在他的套房裡經營一個動物醫務室。舉凡被車撞的刺蝟，受傷的小鳥，被扔出鳥巢的幼鳥，最後全都會被送到這裡來。一開始我負責志願新手的工作。我必須清理鳥籠，清洗籠子裡的鳥糞、羽毛和剩餘的食物。將拿來當作鋪巾的毛巾翻面。在其中兩個最小的籠子裡，有兩隻長耳鴞。年紀較大的那隻，性情兇猛，在籠子裡趾高氣揚地來回走動。只要我的手指伸進籠子裡，牠馬上就會用鳥喙啄我，並用爪子攻擊我。另一隻個性就溫和許多。我像抱隻小雞般地將牠抱出

籠子，再把牠放在地毯上。牠耐心地站在那裡，用牠那一雙黃色的大眼睛，專注地看著我手上正在忙的事。牠翅膀上的傷口已經開始腐爛，化膿的地方需要消毒。另外，牠的一隻眼睛也有問題。我各餵牠們一個雞心和老鼠胚胎。

「從小我就會把發現到的禿鼻烏鴉和寒鴉帶回家，」茲比謝克這樣告訴我。「牠們大部分都會死掉，因為我還不懂怎麼照顧牠們。我從錯誤中學習。在波蘭並沒有如何照顧小鳥的專業書籍。如果有人發現一隻小鳥，並且決定要救牠，那麼他就應該知道該往哪個機構尋求協助。我從來不拒絕任何人，但是有些人真的會把我逼瘋。我的電話號碼是公開的，有的人還以為我是什麼鳥類諮詢熱線或我手下有六十個員工替我工作，並在全國各地都有分院。他們無法了解我無法前往他們所在的地方，因為我自己還有五十隻鳥要照顧。」

「有些人還會因為我不夠親切隨和，或是沒馬上跳上直升機，飛到波蘭中部，幫他們移走煙囪上的寒鴉巢而對我大發雷霆。不過也有些人很感謝我所提供的資訊，他們才能夠知道可以把鳥送到哪個單位，或可以餵牠們吃什麼食物。他們注意聽，寫筆記，並學習。不過還是常常會發生一些奇怪的故事。本季的怪事頭獎是，某個人發現了一隻禿鼻烏鴉幼鳥，並且餵牠吃草莓。是的，禿鼻烏鴉是雜食性鳥類，不過也是要在合理範圍內才行。我還救過幾隻小翠鳥，某個太太還拿小貓喝的牛奶餵牠。我猜她應該是想到『鳥奶』（ptasie mleczko）[13]。」

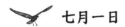 七月一日

有隻原本被人撿到，並決定自行照顧的歐歌鶇，最後又被送到茲比謝克這裡來。這隻小鳥的一邊翅膀斷了，但是發現牠的人並沒有幫牠用夾板固定。他們以為牠會自行復原。這隻歐歌鶇再也沒辦法飛了。牠會被送到位於米科沃夫（Mikołów）[14] 的一間特殊中心，並在那裡度過餘生。茲比謝克不喜歡餵牠，因為每一次都是一場奮戰。這隻歐歌鶇「強烈主張自己有權餓死」。昨天一隻眼睛瞎掉的小椋鳥也發生一些問題。有什麼東西阻塞牠的腸子，救援行動一直持續到清晨四點才結束。在諮詢過一位獸醫的意見後，茲比謝克從一家二十四小時營業的藥局買到石蠟。他沒有餵小鳥吃東西，只餵牠喝點水。到了早上，牠排出一坨條蟲。現在牠不斷地要東西吃。一隻年紀這麼小的椋鳥，牠的胃就像個無底洞。在牠長大後，也同樣會被送到米科沃夫。在那裡在其他椋鳥的陪伴下，牠將學會如何成為一隻真正的椋鳥。

13　威德爾（Wedel）是波蘭一家歷史悠久的巧克力和製菓工廠，創建於一八五一年。一九三六年開始推出一個名為「鳥奶」的新產品，以傳統招牌威德爾巧克力包覆牛奶棉花糖，非常受到歡迎。

14　米科沃夫，波蘭南部的一個小鎮。

「我不想給人一種錯誤印象，好像我過著一種鳥類世界的神奇生活，」茲比謝克說道。「所有的一切都是不正常的。從五月到八月，我完全被孤立在這裡。清晨四、五點，我才上床睡覺。不到九點才就得起床。接著我開始餵鳥。從早到晚，我都忙著清理鳥糞，處理昆蟲和肉類。一整天我不斷地替自己消毒。我永遠都在清洗東西，想辦法減少惡臭。下午兩點我才有時間吃早餐。這也是我有空可以回 E-Mail 的時間，大部分都是有關詢問可以送撿到的小鳥到哪裡的郵件。接著我再餵一次鳥。我應該每小時就得餵幼鳥一次的，我永遠都進度落後。我把鳥籠裡的鋪巾翻面。我購買冷凍食品。晚上十點我才開始吃午晚餐。」

「幾年過後，我應該會有職業病。我不覺得我身體裡會有寄生蟲。八月份的時候，我覺得背痛，因為我得餵幾十隻的雨燕。我得坐著並且持續彎腰好幾個小時，不過至少那時候我還可以坐在電腦前面看點東西。在繁殖季節期間，晚上我可以睡四個小時，所以到了冬天的時候，我就可以安心睡覺。去年十月中時，我上床睡覺，結果兩個禮拜過後才下床。每隔大約十二個小時我就醒來一次，吃點東西，再繼續睡覺。我一天可以睡二十個小時。十一月初時，我覺得自己恢復得差不多了，應該可以繼續返回工作。」

 七月十三日

在波蘭，華沙當然是個大都會。但想想那些真正的大都會，例如紐約。一個由水泥、玻璃和鋼鐵組成的超級大都市。或許你會以為在這種地方當一個博物學家，會是一件全世界最令人感到沮喪的事情。曼哈頓綿延不絕的阿巴拉契亞山脈有誰會料到在這個伍迪·艾倫（Woody Allen）[15]和盧·理德（Lou Reed）[16]的國度，除了人類以外，還有其他的生物居住？但是：每年鳥類遷徙的季節一到，紐約搖身一變成為都市鳥類學家的朝聖地。這座大城市位於兩條主要的河流[17]之間，濱臨大西洋海岸。過去幾千年來，數以百萬隻的小鳥遵循這條路線遷徙，牠們可不會因為突然出現的摩天大樓就輕易改變自己的飛行途徑。許多鳥類不僅會飛越紐約，有時候還會在這裡停留歇息，備足體力後再出發。為什麼？因為位於市中心的那座綠色大島。

中央公園建於十九世紀，占地共八百公頃。儘管它被城市怪獸團

---

15 伍迪·艾倫（1935-），出生於紐約，美國著名導演、演員、編劇。

16 盧·理德（1942-2013），出生於紐約，美國搖滾歌手和吉他手，曾是著名樂團「地下絲絨」（Velvet Underground）的成員之一。

17 紐約有兩條主要的河流，分別為哈德遜河（Hudson River）和東河（East River）。

團包圍，許多地方能保有驚人的野性。在曼哈頓高樓大廈腳下，經常朝天空看，可以觀賞到多達兩百種不同的鳥類。斯塔爾‧莎菲爾（Starr Saphir）[18] 在過去幾十年來，光是在中央公園就已經觀察到兩百五十九種鳥類。她是紐約數代鳥人心目中的導師。經過十一年與病魔的抗爭，她於二〇一三年病逝於癌症。即使在化療期間，她仍維持每週固定兩到三次，在中央公園帶團進行觀鳥之旅。如果出現許多小鳥，那麼整個行程會長達六個鐘頭。即使彎著腰，明顯行走困難，莎菲爾在整段觀鳥行程中也只會短暫休息兩次。參加費用是八美元。觀鳥活動一直持續到她幾乎咽下最後一口氣為止。

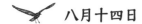 **八月十四日**

　　火紅的太陽從河對岸的樹林後方緩緩升起。今天它是從約瑟夫烏（Józefów）[19] 附近慢慢甦醒。朦朧的霧氣輕拂水面，一個模糊的影子從潮溼的水氣中慢慢出現。一隻表情嚴肅的蒼鷺，看起來像一位身上披著斗篷的灰色騎士，一動也不動地站在沙島上。從雙筒望遠鏡中，我看到流蘇鷸走進河水逐漸乾涸的水窪裡。現在牠們不起眼的棕色羽毛與五月時頸部有著奢華的流蘇皺領（這也是牠們英文名字的由來），那種氣勢凌人的模樣完全不同。這種感覺就像是在觀賞兩種截然不同的鳥類那樣。一隻矮胖的普通小磯鷸在牠們的腳旁徘徊，不停地搖擺著自己的尾巴。

模樣像極了一個胖嘟嘟的小孩。在遠處的一個沙坑上，有五隻翻石鷸正在翻泥巴——牠們正在前往越冬地的途中，但決定先在這裡短暫停留。同一時間，M躺在冰冷的沙丘上，並用帆布遮住自己。他躺在那裡，鏡頭對準水邊的淺灘，我則繼續往前走，以免把鳥嚇跑。

🦅 九月十日

經過華沙沃拉區的高速公路沿途築有隔音牆。在一片綠色屏障下方，有隻四腳朝天死掉的小杜鵑鳥。我用棍子將牠僵硬的身體翻過去。我憋住氣，預料會看到發出惡臭的腐爛屍體和屍體裡四處蠕動的蛆，但是這隻杜鵑只剩一個空殼——體重不會超過覆蓋屍體的羽毛和空心骨頭的總重量。其他部位全都被吃光了。研究人員表示，每一年在美國大約有三十萬至十億隻小鳥，因為撞上窗戶或建築物的外牆而死亡。在波蘭還沒有對此進行大規模的研究。掛在窗戶上的假獵鷹和假烏鴉並不會嚇

---

18 斯塔爾·莎菲爾（1939-2013），美國狂熱的觀鳥者。
19 約瑟夫烏，波蘭東南部，距離華沙約十五公里。

走經過的小鳥。據說紫外線鍍膜玻璃可以反射鳥眼能夠辨識出來的紫外線，因此能有效防止碰撞意外。不過現在這種做法在波蘭才剛開始慢慢起步。

十月八日

　　大衛・林多（David Lindo）是一個著名的英國城市鳥人。在他啟發人心的《都市鳥人》（*The Urban Birder*）一書中，他立下自己的觀鳥哲學：「只要抬頭看」。《都市鳥人》不僅僅闡述作者的觀鳥信念，也是一個關於熱情的精彩故事。林多從小就對鳥類十分感興趣，他在倫敦東北郊區度過了這段童年時光。他以極具吸引力的方式描述自己的第一次觀鳥經驗，其中也包括一個鳥類學新手會犯的典型錯誤和遭遇到的困境。徹底探查鄰近社區，走路時眼睛永遠往上看，花好幾個小時的時間仔細閱讀自己的鳥類圖鑑。堅信觀察鳥類最有趣的地方並不是那些剪得整整齊齊的草皮或乾乾淨淨的花圃，而是灌木叢，或任何一個會讓住在城市裡的書呆子臉上出現厭惡表情的地方。

　　林多認為城市觀鳥應該受到重視，因為對我們大部分人來說，高樓大廈和都市街道已慢慢成為一種自然環境。研究顯示，最遲至二〇五〇年，全球將會有將近四分之三的人口居住在城市裡。同時，即使是最普通的城市鳥類——把牠們介紹給壓根兒不知道牠們就在城市某處的人

時——也很討人喜歡。我們需要教導人們大自然就在我們身旁，以及大自然需要我們的呵護。最好從小地方做起：開始意識到春天時點綴著蒲公英的草地，公園裡糾結的灌木叢，或那些野生果樹所扮演的重要角色。如果能夠讓人們了解莫科托夫斯基田野公園裡的「狂野角落」必須被保留下來的原因，那麼保護這個無價的千年生態系統的必要性，不就相當清楚了嗎？

🦅 十一月五日

斯塔謝克（Staszek）寄給我一段一隻山鷸（Woodcock）在他公寓裡四處走動的影片。牠看起來就像一顆奇異果：體型嬌小、體態矮壯、雙腳矮短、鳥喙尖長。斯塔謝克是在盧布林聯合廣場（Unii Lubelskiej Square）附近發現到牠的，把牠留下一晚後，就送到華沙動物園的鳥類收容所。這隻鳥在飛往越冬地的路上，不小心撞上附近某棟大樓的窗戶。從影片上牠看起來並沒有受到重傷。或許過幾天在恢復元氣後，就可以繼續牠的飛行旅程？山鷸是一種奇妙的鳥類。牠的鳥喙是一個靈敏的探針，用來尋找地裡的無脊椎動物。可是鳥嘴摸起來卻出人意料的柔軟。山鷸看不清楚眼前的東西——牠的大凸眼是長在頭的兩側。但是，這種身體結構有其優點：山鷸因此有一個更寬闊的視野，可以輕易發現捕食者的蹤跡。很明顯的，這隻山鷸並沒有看到眼睛正前方的窗戶玻璃。通常我們會在

春天所謂的求偶飛行期間，才看到山鷸的蹤影。在繁殖期間，雄鳥會在樹冠上方緩慢飛行，並發出奇怪的打呼聲和尖銳的叫聲。

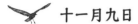 十一月九日

我到莫科托夫斯基田野公園拜訪灰林鴞。在尋找熟悉的驕傲身影時，有個人注意到我，並開口跟我聊了幾句。「牠們沒有在那裡，我已經檢查過了。每次我來公園，第一件事就是檢查貓頭鷹有沒有在那裡，」一個牽著狗的醉漢對我說，他的臉上帶著燦爛的笑容。一個充滿活力的老太太也提供自己的意見：「我剛好有空，所以就過來看看牠們有沒有在上面那裡。如果灰色的那隻沒有在斷掉的樹枝上，那牠就會在皇宮旁的那棵大洋菩提樹上。」牠真的在那裡。要不是有這個內幕消息，我很可能就找不到那隻灰林鴞了。我站在樹下，過了一會兒，這隻貓頭鷹張開牠的眼睛，然後相當不情願地從樹上往下看。牠對我一點也不感興趣。過沒多久，牠就繼續剛剛被打斷的午睡。

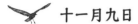 十二月三日

在薩諾卡街（Sanocka）上的車庫旁，我瞥見一隻紅色的鳥尾。這隻赭紅尾鴝喜歡建築工地、瓦礫堆、市區沒有樹木的地方——簡單來說，

那些看起來像是高山裡，滑落到懸崖下方的落石。那裡曾是牠的家，也是牠征服低地的起點。幾年前，我曾經在塔特拉山脈的佐拉特山口處（Zawrat），聽見牠們短促的歌聲。牠們是在距離波羅的海海平面兩公里處，一片花崗岩形成的迷宮中，唯一能聽到的鳥類。幾百公尺以下的五湖區河谷（Valley of Five Lakes），迴盪著水鷚和林岩鷚充滿活力的叫聲。普通朱頂雀在矮山松林間活潑跳動。在寂靜的岩石荒野中，只有赭紅尾鴝的身影。只有出現過一次「高山松鼠」土撥鼠的刺耳哨聲。

大多數的赭紅尾鴝會在秋天時南飛，但是每一年都會有零星幾隻選擇留在城市過冬。那隻在薩諾卡街的赭紅尾鴝會在建築物溫暖的外牆和通風口附近，尋找無脊椎動物覓食。但是，大風雪來臨時，牠們的生活將會變得無比艱難。但誰知道會怎麼樣呢？也許牠們最後還是會往南飛？去年就有一隻碳黑色的赭紅尾鴝選擇在國家圖書館旁過冬。直到一月底，整整兩個禮拜的冷凍低溫對牠的確是個大挑戰，我從漁具店裡買了一些蟲餵牠。最後牠存活了下來。

7

A Stork Called Stonelis

一隻名叫史通利斯的
送子鳥

現在是早上十點鐘，但整輛車已經熱的跟烤箱沒兩樣。仿真皮的方向盤燙得不得了，接著雙手開始變得黏答答的。車內的熱空氣從半開的窗戶逐漸緩緩散開。通常在早上都會在馬路上發現新的屍體。今天在路

alka
鸛鳥（送子鳥）

旁有隻被車撞死的紅狐狸。這隻動物沒有半點氣息，只有風吹著牠那毛茸茸的尾巴。我有一個朋友專門收集這種在馬路上被車撞死的動物，放在他躲藏處的前面，然後手握相機，等待獵捕者上門。就算我願意載這隻狐狸給他，實際上也不可行：首先，我車內放滿了地圖、表格和指示文件。第二點，警察會以盜獵動物的罪名逮捕我。第三點，我有一整天的時間都得在如此酷熱的高溫下開車跑。第四點，早上我已費盡精神和時間，讓自己看起來值得被人尊敬一點。現在我實在不想弄的一身是血。我現在得開車前往皮利察河旁的格拉伯區（Grabów），記錄鸛鳥的巢穴數目。

德語主修畢業生、保護大自然的積極分子、塔特拉山脈的愛好者、第一個成功登上豬峰（Świnica）[1] 主峰的人——尤金尼烏斯·亞諾塔（Eugeniusz Janota）[2]，他曾經是一位天主教神父，後來脫下聖袍，娶妻生子，並成為一位新教牧師。亞諾塔是一個多才多藝的人，一八七六年他決定統計在奧地利分治區的鸛鳥數目時，生命已經即將走到盡頭。為了完成目標，透過《學校》（Szkola）和《學校公報》（Gazeta Szkolna）兩個教育期刊，他請民間的教師提供鸛鳥在該地區的築巢數目。經過仔細的計算，他的請求可以傳到三千位讀者的手中。不過，總共只有收到一百七十六個人

的回覆，他特別強調其中包括三十五位魯塞尼亞人（Ruthenian）[3]。「在大多數情況下，這些老師都非常熱心的提供報告，資料充分且準確，為此我很榮幸在這裡表達我個人最大的謝意。」

波蘭在一九三四年加入國際鸛鳥普查。在此之後，大約每隔十年就會針對鸛鳥和鳥巢的數目進行統計。但是在戰爭期間，沒有人會有剩餘的熱情做這件事。以這種所謂的「支持者＆游擊隊方式」記錄鳥類可能會產生意想不到的結果。手上拿著筆記本和雙筒望遠鏡，負責記錄的人很難不被當作間諜或破壞者。在戰後動盪的年代，確實還有其他比尋找送子鳥更急迫的事情需要做。六〇年代情況也差不多，沒有統計紀錄，但是確切的原因是什麼，我並不清楚。

穿過瓦爾卡（Warka）[4]那座橋到另一邊，就是格拉伯區，這裡的風

1　豬峰，塔特拉山脈的一座頂峰，海拔約兩千三百零二公尺。

2　尤金尼烏斯・亞諾塔（1823-1878），除了先後擔任天主教和新教神職外，也是一位致力於動物權利的積極分子。

3　魯塞尼亞人，在奧匈帝國統治期間，帝國管轄範圍內的東斯拉夫民族（狹義地說，是指在波蘭、立陶宛和烏克蘭境內的東斯拉夫民族）。

4　瓦爾卡，位於皮利察河左岸，以產啤酒和葡萄酒聞名。

景與皮利察河對岸的完全不同，那裡有高高的河岸，而這裡地勢平坦，農村景觀，土地貧瘠。在這兒看不到像格羅耶茨區（Grójec）[5] 那些蘋果大王的果樹或鋪磚蓋石的庭院。七月底是統計鸛鳥的最後時機，因為牠們有的可能早就已經離開巢穴了。路上我看到鸛鳥父母帶著牠們的小孩在草地上散步。最好的方式就是詢問房子的主人有關鳥巢的位置：有幾隻幼鳥？牠們有全部都存活下來嗎？這附近還有其他的鸛鳥嗎？在克帕涅莫耶斯卡（Kępa Niemojewska）[6]，每個人都說村子裡有一個鳥巢，裡面有三隻幼鳥。

根據以前的統計資料，我知道這個鳥巢已經在這裡至少有二十年。小鸛鳥吃著父母帶回來的食物，但過了一會兒，牠們全都各自往不同的方向飛出去。根據紀錄填寫指示，我在表格上填上：TPCC（電線桿、混凝土、圓形花壇），MP（金屬平臺），HPY3（三隻幼鳥），以及鳥巢的狀況：不好（還有附註欄：鳥巢過大）。過去二十年來，鸛鳥不斷地在原有的鳥巢裡加上新樹枝，也難怪現在整個鳥巢會過大了。過去就曾經發生過像這樣重達好幾百公斤的鳥巢，壓壞屋頂並往下掉的例子。

在整個斯拉夫地區，鸛鳥的鳥巢代表好兆頭；傳說它會保護房子的住戶，避免閃電和大火的災害。當然，鸛鳥本身也是生育的象徵。當死氣沉沉的冬天逐漸退去，大地即將再次結出豐碩的果子時，這時鸛鳥也再度拜訪我們。鸛鳥的翅膀是「春天的第一面旗幟」，亞當·米茲凱維奇曾經如此形容。還有大家都知道的，鸛鳥會帶來新生兒，通常會把他

們扔進煙囪裡（有趣的聯想：一個黑漆漆的陰洞和陽具般的紅鳥喙）。幾個世紀以來，牠們一直居住在人類的附近，所以牠們會被賦予人類的某些特徵也就不足為奇了。在古希臘時期，後來也發生在古羅馬，人們相信鸛鳥會照顧年邁體弱的父母；這也是照顧父母的義務法規《鸛鳥法》（*Lex Ciconaria*）[7] 的由來。

　　現在在克帕涅莫耶斯卡村中只剩下最後這個鳥巢，二十年前還有三個，一百年前可能有超過十幾個，或甚至幾十個之多。我覺得這整個地區看起來有點像赫爾蒙斯基的油畫。過去在每年春天時，皮利察河總是河水氾濫，成群的乳牛安靜地在草地上吃草。鸛鳥喜歡低矮的草地，因為草長得太高的話，牠們很難發現獵物——小型哺乳類動物、爬蟲類、兩棲動物及其他幼鳥。但是現在已經很少可以看到乳牛的身影了，只有少數幾個人基於習慣還有養幾隻。再說，割草也不是一件值得做的事。牧場變得雜草叢生。過去是潮溼泥濘的土地也已經被放到乾燥，曾經播種過，但可能在很久以前就已經被棄置。而且，現在皮利察河也幾乎不會氾濫了。

5　格羅耶茨區，位於華沙以南四十五公里，是波蘭最大的蘋果產區，市面上有三分之一的蘋果來自這裡，同時也是歐洲最大的蘋果種植區。

6　克帕涅莫耶斯卡，皮利察河右岸的一個小村莊，離格拉伯約三公里。

7　《鸛鳥法》，一項古羅馬法律，規定子女要像鸛鳥一樣照顧年老的父母。

古老的傳說故事大致如下：天主創造世界和所有的薊類植物、蜱蟲和人類，在第七天休息時，他注意到在自己完美的花園裡，有許多討厭的東西正在大量生長——黏滑的兩棲動物、爬蟲類和蟲子。所有在沙子上蹭著肚子爬行的東西都接近黑暗和魔鬼。畢竟，人類也不會飛出地面，所以他們必須為自己的救贖奮戰。因此上帝再次捲起衣袖，降臨人間，將所有的噁心生物裝進一個袋子中。（現在我們不得不問：我們怎麼能夠不相信我們是照他的形象所創作出來的呢？我們也喜歡按照自己的秩序，重新整理事物。我們用除草劑毒死矢車菊、藍艾菊，特別是那些麻煩的蒲公英。）

　　讓我們再回到上帝身上：祂把那袋裝著害蟲的袋子交給一個祂信任的人，並囑咐他把袋子丟到水中，把牠們全都淹死，就像對付鄉下地方那些胡亂繁殖的小狗一樣。但是，上帝很明顯的誤信這個祂創造的人，因為他並沒有打算這麼快就丟掉那個袋子。上帝的垃圾應該也是好東西！他心裡這樣想。高興地拍了自己大腿一下，因為他聞到大賺一筆的機會。他將袋子打開，還沒來得及一探究竟時，所有的蟾蜍、蠑螈和蛇全都爬了出來。

　　牠們迅速爬進草叢裡，那個人則站著一動也不動，嘴巴張得大大的看著這一幕。上帝發現後大發雷霆：「從現在到世界末日，你必須搜集

所有你放出去的生物，你這個傻瓜，」祂說。說完便伸手一揮，那個人隨即變成一隻鸛鳥。或是說，那個人變成鸛鳥的原型，因為牠還保有人類的聲音，這也是他開始抗議的原因。他開始埋怨，提出一些不存在的律法和習俗為自己辯護，但是上帝已經對他失去耐心，只要他再多埋怨一秒，可能連鳥都不是了。然而上帝心想：摧毀剛剛才創造的東西是沒有意義的，所以祂決定取下鸛鳥的舌頭。從此以後，鸛鳥只能發出噠噠的叫聲。這是一個悲傷的故事，因為鸛鳥居然是來自一個不老實、自作聰明的人。根據立陶宛民俗學者路德維克・亞當・朱塞維茨（Ludwik Adam Jucewicz）的研究，這個人的名字叫做史通利斯。[8]

　　幾個工人正在替一間房子塗上杏桃色的灰泥漿。雖然有點擔心會被嘲笑，我還是開口詢問他們知不知道關於附近鸛鳥的事。他們的確知道。他們臉上帶著友善的笑容，告訴我在維卡維薩村（Łękawica）[9] 有一個鳥巢，其中有兩隻幼鳥活了下來，就窩在牠們兄弟的屍體上。但是他

8　路德維克・亞當・朱塞維茨（1813-1846），立陶宛詩人和民俗學家。史通利斯的故事出自他的著作《立陶宛古蹟、風土人情、民俗面面觀》（*Litwa Pod Względem Starożytnych Zabytków, Obyczajów i Zwyczajów*）（1846）。

9　維卡維薩，波蘭南部的一個小村莊。

們並不是本地人，所以不知道更多的細節。只有一個工人是來自維卡維薩村，他氣呼呼地說：「送子鳥！關我什麼事！」他是個個性易怒的人。這時候天氣漸漸變得沒有那麼炎熱，天空開始布滿烏雲。

在扎克謝沃（Zakrzew）[10] 情況也變得很糟。一九九四年，這裡還有兩個鳥巢，現在只剩一個。鸛鳥養育著兩隻小鸛鳥，但是有一顆蛋和一隻幼鳥卻被丟出巢外。人們無法理解或原諒這一點。一隻生病或受到感染的小鳥會對其他手足的生命構成嚴重威脅。一隻殘廢或發育不全的小鳥代表多了一個飢餓的肚子要餵，但是牠們遲早還是會死掉。直覺告訴鸛鳥父母，大自然沒有生病或體弱孩子可以生存的地方。「也許在鳥的世界中，古代斯巴達人的原則占了上風，因為這種悲慘的命運主要降臨在體弱的幼鳥身上，」亞諾塔 [11] 如此推測。

那些被扔出來的蛋呢？或許那是未孵化或在打鬥時被弄破的蛋？鸛鳥經常會為了爭奪好地盤築巢而發生衝突。這個地點可以證明這點：這裡無法同時支撐兩個巢，但是一個是確定沒問題的。附近有條河，越過柵欄，田野裡就有許多的囓齒動物。在這個季節，鸛鳥父母會竭盡全力餵養幼鳥。每天都會花十個小時以上的時間，追捕那些從袋子裡爬出來的生物。成鳥夫婦一天要帶三公斤的食物回巢餵養四隻小鸛鳥。這對父母會餵牠們剛出生沒多久的小鸛鳥吃蚯蚓。連同蚯蚓消化道裡的泥土，這些幼鳥會攝取過多的重金屬物質（針對幼鳥的研究分析，可以說明某個地區的汙染程度）。順便一提，牠們也會吸收來自囓齒動物、爬蟲

類、兩棲動物和昆蟲體內的重金屬。鸛鳥不會挑開獵物的骨頭不吃，相反地，牠們會吞掉整個身體，因為這些骨頭和羽毛含有豐富的鈣質，少了這些鈣質，牠們的骨骼就會變得過於脆弱，而且容易斷掉。跟貓頭鷹一樣，鸛鳥胃裡未消化的食物會形成圓形小顆粒，而這些小顆粒殘留有被吃掉的生物殘骸──昆蟲的外骨頭和脊椎動物的骨頭。

　　一個來自格拉伯－扎萊斯尼（Grabów Zaleśny）[12]的農婦，收留了一隻被丟出巢外的小鸛鳥，並按照建議餵牠吃新鮮的活魚。她的孫子從池塘裡抓了幾條魚，鸛鳥則從水桶裡把魚叼出來。牠剛吃飽，眼睛看著我們，接著頭側往一邊，揚起翅膀，並發出嘶嘶聲。「這代表牠很開心，」長得有點像小林納烏斯（Linnaeus）[13]的孫子說。鸛鳥夫婦繼續為了養育其他三隻幼鳥而忙得不可開交。這隻被丟出來的幼鳥應該是其中身體最弱的一隻。

　　這隻鳥整天在農舍院子裡四處走動，牠飛一下，追趕那隻一直擋住牠去路的貓。牠看起來很好，也很健康。換句話說，牠已經彌補了

---

10 扎克謝沃，波蘭南部的一個小村莊。

11 尤金尼烏斯‧亞諾塔（Eugeniusz Janota, 1822-1878），波蘭博物學家、天主教神父、登山家。這段引文出自他於一八七六年所撰寫的《鸛鳥：故事、觀察和評論》（*Bocian. Opowiadania, spostrzeżenia i uwagi*）。

12 格拉伯－扎萊斯尼，格拉伯區的一個小村莊。

13 卡爾‧林納烏斯（Carl Linnaeus, 1707-1778），瑞典植物學家、動物學家和醫生。他奠定現代動植物分類的二名法（binomial nomenclature），因此有現代生物分類學之父的美名。

自己先天的缺陷。但是，距離十五公尺遠的鸛鳥家庭卻沒有任何反應。農場女主人擔心冬天時該怎麼辦。她不能把這隻鳥帶進屋內，而且牠胃口奇大，餵飽牠可是一筆不小的開銷。於是我建議她把鳥放進紙箱內，然後帶到華沙動物園去。但是，到了秋天，我得知這隻小鸛鳥在最後一刻再度加入家人的行列，一起朝某個未知的方向飛去。支撐牠們鳥巢的那支木桿（WP）已經傾斜又腐爛，需要緊急更換，以免倒塌壓壞剛搭好的圍欄。

我不懂為什麼在赫爾蒙斯基眾多精湛的畫作中，那幅〈鸛鳥〉（*Bociany*）會是最受歡迎的一幅。可能是這幅畫的主題吧。畢竟鸛鳥是我們非正式的國徽。但當我細看畫中傷感、樸素的風景時，我只看到其中的虛假。為什麼那個老農夫會伸直兩腿，坐在地上吃他的午餐？很難想像會有比這個更加不舒服的用餐姿勢了，尤其是在辛苦耕田後，他的背現在應該會感到痠痛不已才是。為什麼他們要在烈日下用餐？我不敢相信在田邊找不到一棵梨子樹可以遮陽。此外，飛越天空的那一群鸛鳥也不是畫得特別好。

十年前，在偉波洛（Wyborów）[14] 有一個被三隻小鸛鳥遺棄的老鳥巢。今年春天，有幾隻鸛鳥出現在這裡，但是附近居民卻把牠們趕走。「他們說會用槍射那幾隻鳥，因為牠們驚嚇到他們養的鴿子，」一個當地婦女小聲地說，同時用手輕拍自己的額頭，表示那些人一定是瘋了。「有人得報警才對。把鳥趕出牠們自己的巢穴是違法的，」我對她解釋道。但是這個婦女笑得像個三歲小孩似的。「喔，天主，那我就不用住在這裡了。」

在許多文化中，騷擾鸛鳥，破壞牠們的巢，特別是殺死牠們，都被認為是一種大罪。在馬佐夫舍地區，相傳做這種事的人將會失去自己的兒子。另外還有一個著名的迷信故事，相傳鸛鳥會放火點燃破壞者的茅草屋頂（牠們會用嘴喙起火），作為報復。傳說牠們還會帶來持續的暴雨，使乾草腐爛，或招來長期乾旱，使田地乾裂。或是一勞永逸，帶來一場嚴重的大冰雹，將整片農田徹底夷為平地。

路邊小教堂旁的幾個男人也知道關於鸛鳥的事。他們知道在布朗辛（Broncin）和溫卡維薩（Łękawica）[15] 有鳥巢。我很少會有那種人終究是善良的安心感覺。這幾個男人很高興鄰近地區還有鸛鳥出現，也擔心牠們

---

14 偉波洛，位於波蘭中部的一個小村莊，華沙以西約一百公里。
15 布朗辛，波蘭中部的一個小村莊，位於華沙以南約七十公里。溫卡維薩，位於波蘭南部，離克拉科夫約八十五公里。

數量逐漸減少。但是我並不覺得他們會因此願意減少在田裡噴灑農藥，然後改採過去艱辛的耕種方式。經過半小時的路程顛簸，以及車子底盤發出的哐啷作響的陪伴後，我終於抵達布朗辛。在一根獨立的混凝柱子上，有兩隻小鸛鳥。農舍主人在穀倉的屋頂上另外架了一個平台，這是為了另一個鳥巢所做的準備。「我先生有滿腦子的好點子，」頭上綁著花朵圖案頭巾的婦女驕傲地說。

太陽出來了，天氣再度變熱，路旁的蟋蟀突然活躍起來。一隻烏灰鵐低空飛過草地。高一點的地方，燕隼展翅飛翔正在捕捉昆蟲。在溫卡維薩，長老教會旁有一個應許之巢，巢裡坐著一隻小鸛鳥。另一隻可能跟父母一起飛到田野去了。我現在正在看的這一隻可能身體比較羸弱，因為牠的父母不斷地帶食物回來餵牠。鳥巢裡面還有一隻死掉的幼鳥，牠變黑的翅膀正隨風輕輕擺動。這是相當奇怪的一件事，鸛鳥父母居然沒有扔掉死掉的幼鳥，因為腐爛的屍體是非常危險的。也許牠是被帶到巢穴的繩子纏死？這是幼鳥死亡或受傷的常見原因。

在溫卡維薩的魚塭附近，也有一個鸛鳥巢，裡面有三隻幼鳥。這個小村子甚至沒有列入一九九四年和二〇〇四年的統計名單上。所以格拉

伯區的鸛鳥沒有希望的說法並不完全正確。魚塭旁的這個鳥巢同時也是兩對各三隻麻雀的家，牠們是家麻雀的鄉村親戚。擅自占地者並不少見——像這種大型的鳥巢結構會有許多不同的隱密角落和縫隙。到目前為止，已經有多達十四種鳥類「借住」鸛鳥的巢穴，包括麻雀、鶺鴒、烏鶇，成群綠頭鴨築巢的個案，甚至還有一隻紅隼。溫卡維薩的樹麻雀也知道牠們自己在做什麼，因為幾十公尺遠的地方就有幾個馬廄，提供牠們充足的燕麥和蒼蠅。

一八九九年，就在〈鸛鳥〉完成的前一年，赫爾蒙斯基完成〈平斯克地區的乾草堆〉（*Stóg Siana Na Pińszczyźnie*），這是一幅優雅且純樸的作品。這幅畫的懷舊氣氛和一個晴朗的夏日傍晚的暖色調，非常值得一提。平靜的流水旁，一座乾草堆，有些地方浸在河裡，上面站著一隻鸛鳥，背對著觀者，正在整理自己的羽毛。傍晚時分的粉紅積雲倒映在水面上。赫爾蒙斯基把地平線放在較低的位置上，因此這片寧靜的天空讓人難以抗拒。畫中充滿空氣流動的氣息，彷彿可以聞到河流和鄰近青草地的味道。如果我的牆上能有隻像那樣的東方白鸛——溫馨親密，沉浸在風景中，形單影隻——我將會感到非常的快樂。

烏特尼基（Utniki）[16] 位於一片非常醜陋且單調的平原上。這個鳥巢已經在這個小村子裡至少有二十年之久，巢裡同樣也有三隻小鸛鳥。農家的大門是打開著的，有隻狗充滿敵意地看著我，但是並沒有對我大叫。我走進農家的庭院裡，不自在地喊道：「哈囉？哈囉？」沒有人回應。屋子的門誘人地半開著，所以我忍不住就走了進去。裡頭有個老人家正坐在沙發上，雙眼無神地看著我。在他身旁鋪著油布的桌上，有個金屬製的茶杯托，裡面放著一杯已經冷掉的茶。我支支吾吾地詢問有關鸛鳥的事，但是他含糊不清地說話，溼潤的眼睛盯著牆上看。我走到屋外，希望不會遇到某個猜疑心重的女兒或脾氣火爆的女婿。

　　不知不覺已從烏特尼基進入到格拉比納（Grabina），村子入口處的一個路標表示地點的變化。這裡的地區統計紀錄：四隻幼鳥。農夫因為感覺被鸛鳥背叛而有點生氣——在春天的時候，鸛鳥開始在離他房子兩支電線桿遠的地方，也就是鄰居屋外築巢，但是不知道發生什麼問題，最後牠們又回到他這裡。「我們這裡有什麼問題？」他生氣地朝著電線桿的方向說。

　　「但牠們還是回來了，現在就在這裡，不是嗎？」我有種奇妙的感覺，覺得自己像是鸛鳥的擁護者似的。人們給鸛鳥取名字，喜歡上牠

16　烏特尼基，是格拉伯區裡的一個小村莊。

們，生牠們的氣，原諒牠們，為了牠們變得情緒化。在馬祖爾湖區的卡維克（Karwik），有隻名叫古巴的鸛鳥，牠就住在露營區裡。每年我們來到這裡的時候，都會看到牠高雅地在屋後的田野上散步。但是，老天，某年春天古巴走到生命的盡頭。這個可憐的傢伙，牠的腳被電纜纏住，並導致電線短路。據說每一個聽到這件事的人都難過得不得了──度假的人、當地人，甚至連在耶格林斯基運河上（Jegliński Canal）操作水閘的人也都非常傷心。

亞諾塔寫了許多關於鸛鳥不忠於婚姻的文章，他寫嫉妒、家庭爭吵，但也寫牠們對彼此的依戀。例如，他分享了這麼一則故事：

一八四七年，在普羅科辛（Prokocim）[17]，一場暴風雨摧毀了一對鸛鳥的部分巢穴，那個巢已經在那裡有許多年的時間。兩顆已經孵化的蛋因此破掉，並殺死兩隻幼鳥。隔年春天，這對鸛鳥夫妻再度回到同樣的地方，神情十分悲傷。從早到晚牠們或坐或站地依偎在彼此身旁，如此溫柔地撫摸彼此，如此深情地擁抱彼此！牠們總是一起出門尋找食物，總是一起飛回巢穴，總是一臉悲傷與沉靜，但從未開口吵叫……這是牠們為死去孩子哀悼的一年，沒有新的孩子誕生。直到一八四九年，在一聲鳴叫後，在眾耳聆聽下，鸛鳥宣布自己成為父親。

幸運的是，鸛鳥肉嚐起來並不十分美味。在十六世紀時，波蘭鳥類學始祖馬特烏斯·齊甘斯基（Mateusz Cygański）就曾經在他的《鳥類狩獵記》（*Myślistwo Ptasze*）[18]一書中，透過詩描述這個事實：

> 身為家禽：鸛鳥負責
>
> 吃掉可怕毒蟲的工作。
>
> 獵人很少會追捕牠：牠的肉
>
> 並不是他會選來吃的食物。

　　在《舊約》中，鸛鳥被歸類為不潔的生物，並且禁止食用牠們的肉。因此可以說，大自然的保育工作，早在我們出生的好幾個世紀前就已經開始——當時耶和華命令以色列人：「『飛禽中，你們應視為可憎而不可吃，應視為可憎之物的是：鷹、鶚、鷲、鳶及隼之類；凡烏鴉之類；鴕鳥、夜鷹、海鷗和蒼鷹之類；小梟、鸕鶿和鴟鴞，白鷺、塘鵝和白鷲，鸛鷺類、戴勝和蝙蝠。』」[19]

17　普羅科辛，位於波蘭南部的一個小村，離克拉科夫以南約六公里。

18　馬特烏斯·齊甘斯基（1535-1611），波蘭博物學家，一五八四年發行的《鳥類狩獵記》（*Myślistwo Ptasze*）是波蘭第一本鳥類學的著作。

19　作者引用聖經〈肋未紀（*Leviticus*）十一章：十三節至十九節〉經文。譯者引用《思高聖經譯釋本》，這是華語天主教教會最普遍使用的《聖經》中文譯本。

　　鸛鳥雖然幸運躲過被當作盤中飧的命運，但卻沒能逃過成為民俗療法的犧牲品。根據亞諾塔，鸛鳥的內臟被用來「治療腸絞痛和腎臟發炎」，牠的脂肪「塗抹在深受痛風與顫抖之苦的四肢上」，牠的心臟「用水煮沸過，並連同水一起食用，可以治療癲癇」。基於健康目的，鸛鳥也可以食用：「甚至連阿爾德羅萬迪（Aldrovandi）[20] 都認為對癱瘓和中風有效。」除此之外，膽汁用於治療眼睛疼痛，鳥胃「曬乾並磨成粉狀」可以治療食物中毒。甚至連溶解在水裡的鸛鳥鳥糞也有其療效。「一八九〇年代，在蘇德台山麓地區（Przedgórze Sudeckie）[21] 有一則關於人們取出部分的鸛鳥巢穴（由糞便和泥漿混合而成），並用來治療患有癲癇症的孩童。」不過最後這種治療方法似乎被阻止使用。

　　在擺脫土耳其的統治後[22]，在希臘地區鸛鳥幾乎完全滅絕，因為牠們受到占領者的迫害。幸運的是，牠們得以倖免於絕種。在非洲的越冬地，人們仍然會捕獵鸛鳥並吃掉牠們的肉。一八二二年，在梅克倫堡（Mecklenburg）的克呂茨（Klütz）[23]，有一隻鸛鳥遭到射殺，並製作成標本，一支經過裝飾的箭頭刺穿牠的身體。現在這個標本收藏於德國羅斯托克大學（University of Rostock）的博物館裡。過去兩個世紀以來，獵鳥技巧並沒有多大的改變。不久前在貝烏哈圖夫（Bełchatów）[24]，也有一隻腳上插著箭的鸛鳥。後來這隻鳥的傷口癒合得很好，牠學會與腳上插著尖銳的物體一起生活。

沿著坑坑洞洞的道路，我到達下一個村子。一片巨大的雷雲已經逼近地平線，可以預見即將發生一場極具毀滅性的傾盆大雨。從遠處就可以看見鳥巢，但是鸛鳥已經離開了。我遇到的第一個人提供了完整的訊息：三隻幼鳥成功被養大，另一隻被丟出巢外，但是在屋主的照料下幸運存活了下來。小鸛鳥有一雙黑嫩的小腳，蹲坐在一隻躺在地上的黃色雜種狗旁。一個和藹的老人告訴我，是他兒子把這隻鳥撿回家並照顧牠的。這隻鸛鳥應該會對此感激不盡，如果牠知道感激是什麼的話。但是，根據波蘭法律的規定，他的兒子不能把鳥拿來當吉祥物養。不過我心照不宣。

　　不同的地區，對被丟出巢外的幼鳥或鳥蛋有不同的意義，可能是預示大豐收或歉收，雨水充沛或乾旱。農民靠天吃飯，總是時時注意各種

20　尤利西斯‧阿爾德羅萬迪（Ulisse Aldrovandi, 1522-1605），義大利文藝復興時期的博物學家。

21　蘇德台山麓地區，地處波蘭、捷克和德國的邊境。

22　一四五三年，鄂圖曼土耳其帝國統治希臘地區，直到一八二一年，希臘人宣布獨立為止。

23　梅克倫堡位於德國東北部，是梅克倫堡－西波美拉尼亞邦（Mecklenburg-Vorpommern）的一部分。克呂茨是隸屬於該邦的一個城市，鄰近波羅的海。羅斯托克大學（University of Rostock）位於該邦最大的城市羅斯托克。

24　貝烏哈圖夫，位於波蘭中部的城市，距離華沙一百六十公里。

跡象。人們飼養鸛鳥是一個鄉村風景的常見特徵。想想所有的那些沃伊泰克、凱奇、古巴。瑪麗亞‧科納卡（Maria Kownacka）的《凱奇歷險記》（Kajtkowe Przygody）[25]，描述一隻被飼養在農場的鸛鳥。根據無可取代的亞諾塔，某個來自弗倫斯堡（Flensburg）[26]，名叫漢森的獸醫「建議每一年都從每一個鳥巢分別取出一隻幼鳥，利用冬天時好好養育牠，然後剪掉牠的翅膀，就成了一個抓老鼠的好幫手」。

對於瓦迪斯瓦夫‧亞歷山大‧馬萊茨基（Władysław Aleksander Malecki）[27]的生平，有絕大部分對我們來說仍是個謎。我們知道這個被遺忘的十九世紀晚期風景畫畫家畢業於華沙美術學院。據說他有參加發生於一八六三一六四年的一月起義，但是這點無法從流傳下來的家庭故事中獲得證實。後來，如同這個年代的許多波蘭藝術家，他曾在慕尼黑住過很長的一段時間。他的作品深受巴比松畫派（Barbizon School）（尤其是康斯坦‧特洛伊永〔Constant Troyon〕）[28]的影響，他們號召畫家離開城市，回歸純淨的鄉村。馬萊茨基還非常欣賞庫爾貝（Courbet）[29]，他是巴黎公社的成員，也是一位不妥協的寫實主義者，他在一八六六年畫了一幅女性性器官圖，並大膽地將其命名為〈世界的起源〉（L'Origine du monde）。

馬萊茨基本人並不是個醜聞製造者。他對純樸的鄉村風景感到著

迷，人類在他的畫中只不過是個讓畫布顯得活躍的一個顏色斑點。一八七四年，他完成最著名的〈鸛鳥議會〉（*Sejm Bociani*），描述一群鸛鳥正準備離開。八月成熟穩重的深綠色，在夕陽餘暉中逐漸變得黯淡。鸛鳥白色的身影與背景中深色的樹木形成鮮明對比。小溪和溪邊陰鬱的樹幹。白楊樹？柳樹？一位認識的專家告訴我，生長在沼澤旁的白樺樹，顏色的確有可能那麼深。根據《畫報週刊》（*Tygodnik Illustrowany*）的評論，這幅畫「充滿魅力，讓人幾乎無法將視線從它身上移開」。夏末的惆悵，與他畫裡的顏色一樣，那時馬萊茨基的生活也顯得越來越黑暗。這個窮困潦倒的畫家被希德洛維茨（Szydłowiec）[30] 的市長收留，並住在市政廳的塔樓裡。馬萊茨基畫這個小城，它的風景和主要的建築物。情況變得越來越糟糕。難以想像的糟糕。最後他在一九〇〇年死於飢餓和過勞。

---

25 瑪麗亞‧科納卡（1894-1982），波蘭兒童文學作家和翻譯家。《凱奇歷險記》於一九四八年出版。

26 弗倫斯堡，位於德國北部的什勒斯維希－霍爾斯坦邦（Schleswig-Holstein）的一個城市。

27 瓦迪斯瓦夫‧亞歷山大‧馬萊茨基（1836-1900），波蘭寫實主義風景畫派畫家，終生活在貧困與沮喪之中，作品在生前並沒有受到注意，直到去世多年後，才獲得重視與認可。

28 一八三〇年代，幾個法國藝術家對法國城市和工業文明感到失望，主張應該回歸鄉村，因此選擇在巴黎郊區的巴比松（Barbizon）尋找作畫靈感，成為「巴比松畫派」。康斯坦‧特洛伊永（1810-1865）是其中一員，是著名的動物畫家。

29 古斯塔夫‧庫爾貝（Gustave Courbet, 1819-1877），法國著名寫實主義畫家，女性裸體是其作品常見的主題。一八六六年，他以女性的性器官為主題，完成〈世界的起源〉，近乎解剖學的大膽直率描述，奠定這幅畫在現代繪畫史上的崇高地位。

30 希德洛維茨，波蘭中部的一個小鎮。

開始下起傾盆大雨，我再也看不清前面的路。我盡可能沿著路邊開，希望自己不會被某個分心的農耕拖拉機駕駛撞上。溫度下降，車窗蒙上一層霧氣。這時候刮起一陣風，不到一分鐘後，世界末日的號角便沉寂下來。所幸夏日的傾盆大雨總是短暫的。在斯特仁（Strzyżyn）[31]，我看到有個平台蓋在一支柱子上，不過屋主向我解釋，這個東西已經在那裡等候鸛鳥至少有十幾年的時間了。有時候牠們會飛來附近，停留一下，觀察周遭環境，但是除此之外，並沒有進一步的發展。可能是因為這個平台是用塑膠桌面做成的，經不起鸛鳥的重量而變得稍微有點彎曲？一般來說，鸛鳥是不會選擇一個如此搖搖欲墜的地方築巢的。「鸛鳥並不是個傑出的建造者，牠們的巢穴常常蓋得很拙劣，但是話說回來，牠們的鳥巢跟農舍一樣堅固耐用，」米耶斯基・布勒津斯基（Mieczysław Brzeziński）[32] 寫道：

　　再過不到一個月的時間，鸛鳥就會開始聚集一起。在波蘭文中，這被稱為「小議會」（sejmi）。過去有段時間人們相信鸛鳥之所以會聚集一起，是為了審判對婚姻不忠實的成員。第二個議程是針對幼鳥所進行的飛行測驗。八月底時，鸛鳥會一起出發飛往非洲。牠們一天必須飛行

數十或甚至數百英里。這完全取決於天氣狀況——大部分時間鸛鳥都是以滑翔方式移動，因此牠們需要倚靠溫暖的上升氣流飛行。牠們可能的飛行時間是介於早上十點到下午四點左右，因為這時候地面溫度已經夠暖和。鸛鳥每年要花四個月的時間進行遷徙飛行。現在，在七月底，幼鳥還沒準備好出發前往越冬地。

　　每年有越來越少的鸛鳥會回來。波蘭已經不再是鸛鳥的主要棲息地，大多數會在西班牙停留。位於西南部的奧波雷地區（Opole），在短短十年內，鸛鳥的數量就減少至少百分之四十。造成的原因有很多：殺蟲劑、單一栽培、排水系統和荒地改良。在我的地區，情況並沒有那麼嚴重。在奧古斯托夫（Augustów）[33] 的城外，只剩下一個鳥巢，裡面有一隻幼鳥。六月份的時候，原本還有兩隻，但是有其他的鸛鳥飛來占巢，結果發生打鬥，並導致其中一隻幼鳥死掉。一個躺在木板堆上的老人絕望地問：「主啊，為什麼總是只有三、四隻，他媽的，現在卻只剩下一隻？」

31　斯特仁，位於瓦爾卡附近的一個小村莊。
32　米耶斯基‧布勒津斯基（1858-1911），波蘭博物學家、教育學家和民俗學家。
33　奧古斯托夫，位於波蘭東北部的一個小城市。

8

Two Hours of Daylight Left
最後的兩小時日光

　　當你跟人同意在半夜見面時，同時也意味著一定會慢個幾十分鐘，但是我們一開始就晚了一個半小時才出發。我睡不到一個小時，但是預計會有異國情調的東西等著我們的情緒，使我們感到興奮不已，所以我們很快就追趕上失去的時間。不過最後的六十英里並沒有照該有的速度

前進。一下子在破舊的落葉松莊園旁抽根菸，一下子在麥當勞吃薯條，一下子又停車買東西。快抵達時我們又有點迷路。最後我們終於在下午抵達目的地。山上積雪很多，我們沒有準備雪鍊或拖車繩。現在車子開在融雪的爛泥裡還沒多大問題，問題是再晚一點，雪就會結冰。

載滿喀爾巴阡山脈雲杉和山毛櫸原木的大貨車正往山下開。鏈鋸的聲音、警告標誌、原木從山腰拖下時所留下的深深車痕。在一個轉彎處旁有一個放木頭的小屋，旁邊停了一輛古董的烏拉爾卡車（Ural Truck）[1]。我曾經在烏克蘭的喬爾諾戈拉山脈（Choronhora）開過一輛類似的怪獸卡車，開那輛車的年輕伐木工人在駕駛座裡貼滿了土耳其的口香糖貼紙。車子充滿汽油味，動起來像輛坦克車。這真是一個有趣的巧合，因為我們這次是為了另一個烏拉爾而來的——烏拉爾貓頭鷹。

烏拉爾貓頭鷹通常在白天捕捉獵物，在裂開的山毛櫸樹洞和裂縫中度過夜晚。當牠待在鳥巢裡時，會變得非常有攻擊性，可以毫不猶豫地攻擊人。負責套鳥環的工作人員在爬到樹上找幼鳥時，還必須先戴上冰上曲棍球的保護面罩才行。我記得看過一個愛沙尼亞的鳥類學家，他因為受到烏拉爾貓頭鷹的攻擊，背上滿是血跡斑斑的爪痕的照片。瓦迪斯瓦夫·塔扎諾夫斯基（Władysław Taczanowski）在《波蘭鳥類》（*Birds of Poland*）中寫道，「這證明牠們對幼鳥深厚的感情。在失去一顆蛋或一隻幼鳥後，牠們會悲慘地嚎叫，並且離開這個傷心地許多年。」在烏拉爾貓頭鷹的叫聲中，他繼續說道，「西伯利亞地區的居民發現牠們和毛

皮大衣之間有一個相似之處。他們說每年秋天當牠們靠近人類居住的地方時，總是時時提醒人們該穿上保暖衣物，準備迎接冬天的來臨。」

這種大型鳥類似乎喜歡在運輸木頭卡車會經過的路旁徘徊。幾個我認識熱衷觀鳥的鳥友，曾經花三天的時間在附近巡邏，來來回回開著車，幾乎沒下過車。這是一條美麗的道路，北邊的老雲杉樹頂上覆蓋著白雪。過了兩個小時之後，我們已經認識這裡的每一棵樹。我們有兩次不小心把車開到路邊的溝渠裡，每一次都是對此覺得好笑的當地居民幫我們把車子拖到路上。我是來看烏拉爾貓頭鷹的，而 M 是來拍牠們的，我們可沒打算大老遠開了三百英里的車，從車窗裡看著一面大樹牆。

一九九四年十二月底的一個下午，他們開始徒步上山：尚－瑪麗・肖維（Jean-Marie Chauvet），一個精通洞穴學的考古學家和他的兩個朋友艾莉特・布魯內爾（Éliette Brunel）和克里斯提安・希雷爾（Christian Hillaire）。[2]

1　烏拉爾卡車，俄羅斯烏拉爾車廠生產製造的卡車，這是一種全地形的運輸和救援車輛。
2　他們在法國南部阿爾代什河谷所發現的史前洞穴後來被稱為「肖維岩洞」（Chauvet Cave）。

阿爾代什河谷（Ardèche Valley）一條受歡迎的步道旁，某顆岩石上面的一條小裂縫，早先就已經引起研究人員的注意。從裂縫中傳出來的一陣陣風，顯示在石塊的背後有一個洞穴存在。這三位洞穴學家合力將石塊移開，很快地他們就發現一個小洞，將他們帶領到岩石內的井穴邊緣。他們先回到車裡拿專業器材，然後便進入洞穴中。

他們發現兩個巨大的洞室，牆壁上沉積的礦物質閃閃發光。幾千年來形成的方解石和其他的結核體從洞室的天花板上垂了下來，地板上散落著洞熊和北山羊的骨頭。在其中一個鐘乳石上，布魯內爾注意到一幅紅色赭石的長毛象圖畫。這三個朋友繼續深入洞穴，他們很快就發現裡面有更多的史前藝術作品，包括描繪幾千年前就絕跡的生物：獅子和洞熊、長毛犀牛，以及野馬和野牛。根據後來的研究顯示，這些是目前歐洲地區發現到最古老的洞穴壁畫，大約於公元前三萬年所創作。

那些洞穴藝術家絕對是技術精湛的大師。從圖畫中可以看出，他們其中許多人已經懂得運用透視法的技巧。透過木炭筆，他們呈現打鬥中犀牛的各種動態姿勢。不論是野馬的素描或是獅子的側影，看起來全都栩栩如生，生動逼真。其中奔跑中的野牛有多隻腳的圖畫，描繪出一系列的連貫動作，從某種程度上來說，可說是動畫的初始。也許在微弱的火炬燈光下，動物們在洞穴古人的眼前變得更加真實？出人意料的是，肖維所發現的這些洞穴壁畫並沒有如預期中有舊石器時代藝術中常見的原始或拙劣技巧。

清晨我們再度回到熟悉的道路上，我們向彼此保證這次不會再這樣浪費一整天的時間。兩隻長著黑色嘴喙、好奇的星鴉在落葉松樹林間輕快地飛。這裡的星鴉生性膽小，不讓人靠近一步，同一時間，牠們位於塔特拉山脈莫爾斯基奧科湖（Morskie Oko Lake）的親戚，正肆無忌憚地跳上小木屋外的野餐桌。我們來到一片小空地，雪地上有爪子和翅膀的痕跡。烏拉爾貓頭鷹曾在這裡捕捉獵物嗎？我拍了張照片，也許有人可以確認這點。兩隻烏鴉從頭上飛過，彷彿接受命令似的，同時收起翅膀向下滑翔。其中一隻發出低沉沙啞的叫聲，另一隻的聲音聽起來就像是腳踏車輻條卡住樹枝似的。碰窿、碰窿。在樹林裡，我為了跳過一個凹洞，結果跌入積雪下方，深及膝蓋的水坑裡。水很快就跑進我的靴子裡。

我們回到住宿的地方，吃了點東西，換衣服，然後再回到那條該死的路上。我們發誓這絕對是最後一次。光線漸漸變暗。我們慢慢開著車，我注意到樹叢裡有隻背對著我們的鳥。想像在短短的一秒鐘內，無數的強烈衝動通過腦部，這實在是件不可思議的事。從雙筒望遠鏡中，我看到棕色的羽毛，我馬上想到這是「烏鴉」，但我也在同一時間打消這個想法。不是，這不是烏拉爾貓頭鷹。這隻鳥轉過身來，結果是隻母花尾榛雞，牠正停在一棵小樹彎曲的脆弱樹枝上。牠看起來一臉驚恐，

M 拿出相機時，牠立即拍動翅膀往下飛。M 說，他曾經聽過花尾榛雞的叫聲，聲音聽起來更像是小麻雀。

過了一會兒，一隻啄木鳥以正弦曲線的飛行方式穿過我們面前。在這樣的古老森林裡，到處都是腐爛的木頭，應該還會有其他有趣的鳥類。一隻胸部有明顯縱斑的白背啄木鳥雌鳥，從樹枝後方探出頭來（今天早上我幾乎可以確定自己有聽到牠那節奏緩慢如鼓聲的叫聲）。舊事重演：M 拿出相機，小鳥受到驚嚇，隨即消失在樹林間。M 對於嚇跑小鳥感到很抱歉，但我一點也不在意。雖然我只有稍微看到那隻鳥一眼，但我看得很清楚，距離也很近。一個攝影師總需要更多的時間，才能拍出模特兒的最佳影像。他很少會只對一張照片感到滿意，只要小鳥允許，他大概會一張一張的繼續拍。M 甚至連把相機拿到眼前的機會都沒有。

我們還剩下兩個小時的日光（我開始說話像 M），我們出發前往在地圖上找到的一個山谷。這條河形成天然邊界，我們可以聽到從遠處傳來的烏克蘭狗吠聲。河的另一邊，樸素的綠色小木屋在寒冬中聚集在一起。落日的粉紅餘暉撒滿一片被大雪覆蓋的田野。在離車兩百公尺遠的地方，我發現一隻一動也不動趴在地上的狐狸。牠看著我們，黑色的爪子縮在頭旁。M 走下車，狐狸很快地爬起來，我們看見牠那毛茸茸的美麗尾巴，跳了幾下後，便鑽進邊界巡邏雪上摩托車所留下的車輪凹

痕裡。牠快速跑往烏克蘭。動物常常都會先好奇地看著車子，通常過一下子就會繼續做原本在做的事，但是當人們準備下車時，牠們就會趕緊逃跑。

在其中的一個洞室裡，可以發現以各種不同技巧繪製的圖像。這個洞穴裡的石灰岩覆蓋著一層黏土，舊石器時代的藝術家同樣也懂得如何運用這種材料。刻在牆上的長毛象和野馬旁，是一幅目前已知最古老的鳥類圖像。岩洞裡的黏土層一定是又厚又軟，因為這幅畫是用手指繪製的。一隻從背後描繪的史前時代貓頭鷹（從翅膀折疊的輪廓可以看出來），但是頂著一對耳毛的頭卻是轉向觀者的。這樣一個極簡的描繪更為牠增添了不少神祕感。

從洞穴的官方網站上，我們得知這是一隻長耳鴞。但是，這種溫順的森林貓頭鷹不太適合在岩石峭壁上生活。因此，一些專家認為這幅史前洞穴壁畫描繪的其實是一隻雕鴞。這兩種鳥類的頭上都長有「耳」毛，不過兩者的體型卻有所不同。當然藝術家並沒有很精確的復刻這隻鳥，毫無疑問地他是從遠處觀察牠的。不過可以確定的是，許多世代的雕鴞都曾經停在「肖維岩洞」的穴口。

在其他洞穴中也有發現貓頭鷹的圖像。為什麼我們的祖先會特別對牠們感興趣？在位於庇里牛斯山（Pyrenees）的「三兄弟岩洞」（Grotte des Trois Frères）³，人們可以欣賞到將近兩萬年前所繪製的雪鴞家族圖像。洞穴牆上有一隻成鳥和兩隻像小雞般的幼鳥圖像。牠們直視著我們。事實上，貓頭鷹通常都是臉朝著正面。或許是因為牠們的大眼睛是向前看的，就像人類的一樣？是否這是賦予鳥兒凝視一種形而上學的深度呢？另外，在鳥喙和耳朵周圍的扁平羽毛「臉」——一般稱為「臉盤」——也同樣令人感到驚奇不已。貓頭鷹的側面圖並不會產生如此令人感到不安的印象。

我們慢慢地往回走。當我們從另一個溪谷往高處爬時，我看到一個絕不會弄錯的龐大身影從柳樹枝條間閃過。我從來沒有見過烏拉爾貓頭鷹，但是現在我只需要半秒鐘的時間就能確定。「停車，」我盡可能保持冷靜地說。我擔心過度的興奮會導致我們再度滑進山溝裡，這裡靠近邊界，車流量不多，找不到人可以幫我們把車子拖出來。「怎麼了？」M問。「往後一兩公尺的地方，在你的那一邊，柳樹上有一隻烏拉爾，」我用平穩的聲音解釋道。我們朝下往回開。貓頭鷹正停在樹枝上，背對著我們，但是過沒多久，牠那特別的大臉突然轉向我們。這隻烏拉爾體

態強壯，尾巴很長，看起來是一般灰林鴞的兩倍。過了一會兒，牠回到草地上，繼續聆聽四周的動靜。

烏拉爾貓頭鷹可以聽到藏在五十公分深積雪底下的獵物聲音。牠那表情專注，歪向一邊的大餅臉，看起來其實很滑稽。又開始結霜了，原本在太陽照射下變得暖和的厚重積雪，現在再度鋪上一層霜，踩在腳下，發出清脆的聲音。想偷偷靠近這隻貓頭鷹是一件不可能的事。牠飛到另一棵樹上。難道是方向燈的聲音驚擾到牠？牠用力拍打翅膀，然後像老鷹一樣靜靜地滑翔飛過草地。現在牠像隻鵟鷹一樣，停在乾草堆上。雖然太陽早在稍早前就已經下山了，M 還是成功拍到幾張照片。照片拍得很好，美中不足的是，在大部分的照片中，貓頭鷹都是背對著我們的。M 不是很高興：「如果我們早十分鐘發現牠就好了！」至於我自己，我沒有什麼好埋怨的：啄木鳥、花尾榛雞、烏拉爾貓頭鷹——這是一個非常好的結果。

M 總是需要較長的時間和正確的條件，但是即使萬事俱備，他也很少會感到滿意。在這天剩下的時間裡，他不斷地抱怨錯失的大好機會。當我們在越來越深的天色中返回住處時，就在村外一棵細長的山楊

3　庇里牛斯山的「三兄弟岩洞」，位於法國南部的阿列日省（Ariège），一九一四年由亨利・貝古恩伯爵（Comte Henri Begouën）發現，並以他三個兒子的名字命名。

樹上，我們看到一個巨大的圓影和一隻長尾巴——另一隻烏拉爾貓頭鷹。在黯淡的地平線襯托下，牠的剪影顯得更加突出。現在天色已經太晚，很難拍到一張好照片了。這隻貓頭鷹從樹枝上飛起，消失在河邊的樹林中。在黑暗的山谷中，幾乎看不見牠灰色的羽毛。

或許是因為牠那雙充滿警覺性的大眼睛和長滿羽毛的臉盤，使得貓頭鷹被賦予智慧的象徵！畢竟智慧女神雅典娜的象徵就是貓頭鷹。古希臘人心目中是否有特定的貓頭鷹種類？根據生物學家的鑑定，牠是一隻小型貓頭鷹，拉丁文名稱是 Athene noctua。事實上，貓頭鷹並沒有擁有出類拔萃的智慧，個性也不是特別機靈，牠們驚人的長相是適應在黑暗中生活的結果。隱藏在巨大頭部的羽毛下面，是一對非常靈敏的耳朵，臉盤上呈放射線排列的羽毛，就像一個碟型天線，用來收集聲音。聰明的大眼睛儘可能地捕捉來自四周環境的光線，使得牠們能夠在夜晚捕捉獵物。

隔天，一隻重達一公斤的烏拉爾貓頭鷹停在一顆雲杉樹冠上，不偏

不倚的就坐在危險的樹梢尖。在清晨溫和的陽光下，牠看起來十分美麗。淺灰色的羽毛，夾雜著深色的斑紋，圓圓的臉盤，一雙跟灰林鴞一樣的黑眼睛，睡眼惺忪的模樣，興趣缺缺地看著我們。M從車裡探出身子，想辦法拍了幾張照片，結果貓頭鷹就飛走了。M看了看相機的螢幕，又生起氣來。他提早兩公尺停車了。一隻在前景的橫樹枝毀了大部分照片，因為它把鳥一分而二。光線倒是很完美。但是事情也很難說，假如我們往前多開兩公尺，很可能他連拿出相機的時間都沒有？

　　觀鳥者往往會對攝影師感到非常不滿。這是一場關於道德的古老辯論。假如小鳥感覺受到威脅，是否還能繼續再靠近一些？便宜的拍攝器材，再加上相機的普及性，不管是不是真的懂攝影，每個人似乎都能成為一名攝影師。網路上充斥著許多平庸的照片，事實上，它們唯一的價值在於展示鳥類羽毛的每一個細節。M技術純熟，他很清楚知道自己想表達什麼樣的效果，他身上還有金錢買不到的東西——天賦。如果他認為再靠近一步是不必要的，他能夠壓抑自己的直覺，並在夠遠的地方就先停下來。除此之外，當小鳥發現有鏡頭對準自己時，經常會馬上飛走。

　　貓頭鷹飛到一棵柳樹上，繼續等待獵物上門。烏拉爾貓頭鷹會在棲木上捕捉獵物，牠們注意聆聽，然後直接俯衝到發出聲音的地方。不過有時候牠們也會像鵟一樣，進行一場巡邏飛行。現在這隻烏拉爾貓頭鷹展開牠那又圓又長的翅膀，在草地上低空盤旋。一旦看到或聽到動靜，牠就會發動攻擊，用利爪敲擊積雪的地面。我們開到一個上面寫著「停」

的路障標誌前。M試著迴轉，結果前輪打滑，掉進積雪的溝渠裡。我們就這樣花了半個小時的時間想辦法把車開回路面，但是車子卻越陷越深入雪中，最好的日光就這樣白白浪費掉了。今天是星期天。一整天在沿著邊界的這條路上，我們只看到一輛車，所以我們得徒步走上一兩英里，到鄰近村莊問看看有沒有農耕牽引機可以幫我們把車子拖出來。

我們很幸運──我們攔下一輛日產（Nissan）四輪傳動。這個年輕人脖子上掛著一副蠻不錯的雙筒望遠鏡，他也是來觀鳥的。「不要走到路障的後面，不然他們就會給你一張大罰單。」現在也是獵鹿的季節，獵人也在附近打獵。再說，林務人員可不想隨便開玩笑。這輛四輪傳動在冰上滑了一下，最後成功將我們的車子拉出溝渠。現在我看事情的方式跟M一樣。太陽已經變成一顆黯淡的燈泡，這兩個小時的時間，光線仍會太亮，無法拍出好照片。烏拉爾貓頭鷹坐在一棵白樺樹上，我們坐在車上。我們必須確保牠不會跑掉，所以現在沒必要打擾牠。我們看到牠發起攻擊，先是低空滑翔，接著輕柔而有力地撞擊雪地。牠在地面上停留片刻，接著又飛回樹上。這次牠失手了。

直到現在，貓頭鷹的叫聲仍讓人感到不寒而慄。對於潛伏在黑暗中的原始恐懼感在我們與祖先之間產生一個強大的連結。在深夜中，一個無聲、長得猶如魔鬼般的生物正在等待著我們。根據一個最古老的傳說，貓頭鷹是邪惡力量的使者。在斯拉夫民俗傳說中，一個森林

幽靈附身在灰林鴞的身上，白俄羅斯文中叫它烈薩維克（Lesavik），俄羅斯人稱它列許（Leshy），波蘭人則叫它波盧塔（Boruta）（直到後來，這個幽靈才被基督教視為魔鬼）。「Strzyg」在波蘭文中是指一個死去的靈魂糾纏一個生者，這個字是從希臘文的「Strinx」衍生而來的一個拉丁文字「Strix」（邪靈、惡夢）。灰林鴞的拉丁文名字就叫做「Strix Aluco」（黑夜貓頭鷹）。

星期天的攝影師不懂什麼叫做節制——他們完全不加思索地追趕小鳥，沒有給牠們片刻的安寧，也不管是否會妨礙牠們尋找食物。另一個問題是拍攝正在鳥巢裡餵養幼鳥或孵蛋中的小鳥。如果動作過於魯莽且缺乏經驗的話，小鳥父母會提高警覺，有時候甚至會因此遺棄牠們的孩子。拍攝這類照片需要由素質優秀和經驗豐富的攝影師操刀才行。「儘管俗話那樣說，結果不能證明手段的正當性⋯⋯首先，不要造成傷害（primum non nocere），」馬克・凱勒博士（Dr. Marek Keller）在一篇關於觀鳥倫理學的文章中寫道並如此提醒我們。話雖如此，我們也該懂得節制。拍一張架在城市公園中某個巢箱裡的大山雀的照片和拍那些對人類高度敏感的稀有鳥類，是完全不同的兩件事。

在觀鳥圈裡，每個人或多或少都有聽說過一些攝影師肆無忌憚地在

樹洞口拍攝佛法僧的故事。長久以來佛法僧在波蘭為了生存而不斷掙扎。現在牠們的數目非常少。科學家嘗試不公開巢穴的位置，但並不是每次都能如願以償。一些攝影師為了能夠拍到這些五顏六色的美麗小鳥，不惜將他們的攝影器材架在鳥巢的旁邊，或破壞他們的棲息地——比如說，折斷那些擋住鏡頭的樹枝。這些圖像最後下場如何？結果是照片不能就這樣隨意散布出去。拍攝在鳥巢裡的佛法僧需要取得一項特別許可（這可不是人人都可以取得的）。那麼那些破壞巢穴的攝影師所拍的照片有什麼用途？他會把照片裱框，掛在地下室的牆上，就像盜竊藝術品的收藏家？他獨自沉浸在佛法僧的美麗身影中，或在信任的共謀者的陪伴下一起共賞？

我還聽說過另一個故事：活生生的小鳥，腳被綁在木樁上，如此一來，牠們就無法逃脫接近捕獵者的攻擊。攝影師這麼做只是為了拍攝鳥爪攻擊受害者的完美照片。二〇一三年在馬佐夫舍地區發現一隻猛鴞，這是一種很少會出現在波蘭的苔原鳥種。這隻鳥在某處停留了好一陣子，因此吸引到全國各地的觀鳥者前來賞鳥。相機擁有者最喜歡捕捉猛鴞狩獵的照片，他們從寵物店買來老鼠，用來引誘他們的模特兒。其中還有一則喪失倫理的故事，有個攝影師用釣魚線綁住老鼠，手揮動著釣竿，老鼠就在鳥鼻前來回晃動。貓頭鷹忍受這種對牠表示的興趣（來自荒涼北方的鳥類顯然比較寬容），但是牠不需要這麼多的食物，結果牠把老鼠藏在附近房舍旁的水溝裡，最後就飛走了。

小貓頭鷹的波蘭文名稱「Pójdźka」來自牠那不祥的叫聲。出現在安托內羅・達梅西那（Antonello da Messina）那幅安特衛普〈耶穌受難〉（*Crucifixion*）[4] 畫上的角鴞，正預示著即將到來的死亡。牠坐在受難基督的腳下，旁邊的盜賊痛苦地扭動著身體，但是牠不動聲色，雙眼凝視著觀者。貓頭鷹也是女巫和巫師形影不離的伙伴。人們相信牠身體的每一個部位都有神奇的力量。爪子被做成的護身符，據說鳥蛋可以治療酒精中毒或夜盲症。除此之外，把貓頭鷹的心臟放在一個熟睡的女人胸前，據說可以迫使她說出祕密。

陰影漸漸變長，白雪在夕陽餘暉的照射下變成深紅色。烏拉爾貓頭鷹潛伏在昏暗的小溪旁，幾乎看不見牠的身影。牠是在我這一側，M 和我扭擠著身子，交換位子。他把鏡頭伸出窗外，我穿著膠鞋開車，冷到幾乎無法感覺到踩在踏板上的腳。這隻貓頭鷹停在一個腐爛的樹墩上。鏡頭穿過樹枝拍了幾張照片。我們往山下開一小段路，M 突然大喊：「停車！」我沒有停車，即使我覺得自己已經踩了煞車，車子還是繼續

往下移動。樹木又擋住我們的視線。貓頭鷹已經飛走。M抱怨又錯失一次好機會。「那會是多麼棒的一張照片！」

我們又繼續往前開了一段路，然後我跑上山去檢查森林的範圍。M從下面大叫：「牠有在那裡嗎？」「沒有！」就在我大聲回答的同時，我看見一棵雲杉樹上停著一個蓬鬆的身影。太陽漸漸沉入山後，火紅色的陽光在牠胸前淺白色的羽毛上閃閃發亮。「牠在這裡！」我大喊。M馬上扛著他那重達五公斤重的器材跑上山來，這時的他已經上氣不接下氣。這隻貓頭鷹也在同一時間移到另一棵樹上，現在正面對我們坐著。夕陽餘暉灑在牠的頭後方。天色還夠亮。M悄悄靠近。烏拉爾對此無動於衷，因為牠眼睛正朝下看著什麼東西，並專注聆聽著。從雙筒望遠鏡中，我看到牠不時地盯著M看。最後牠飛到雪地上，爪子抓起一個小東西，接著便消失蹤影。

是該回家的時候了。我們只需要換上乾衣服就好。就在我站著拉下褲管時，三、四十公尺遠的地方，又出現另一隻烏拉爾貓頭鷹。我已經感到心滿意足。我們已經看到至少三隻烏拉爾，親眼目睹牠們那令人感

4　安托內羅‧達梅西那（1430-1479），義大利文藝復興時期早期的畫家，創作與眾不同的宗教畫，被認為是義大利油畫的先驅之一。這幅收藏於安特衛普的〈耶穌受難〉於一四七五年完成，描繪耶穌基督被釘在兩個惡人（瑪莉亞和福音傳教士約翰）之間。

到驚奇不已的狩獵技巧，以及他們那既優美又高雅的飛行。太陽已經沉到山後，天又再度變冷，但是 M 一把跳起，上前抓著腳架，快步往草地跑去。我透過雙筒望遠鏡看到一個彎著腰的人影悄悄挺起身子，那隻貓頭鷹正背對著他，坐在一根籬笆木樁上。M 穿過傾斜的草地，我知道他正在挑選適合的背景。靴子下的積雪不再嘎吱作響，但是卻發出碎裂的聲音。我站在路上看著那隻貓頭鷹，牠正全神貫注在自己的身上和尋找獵物，從一根木樁跳到另一根上。牠開始盤旋。直到天邊只剩一抹黃色餘光時，M 才走回來，他滿心快樂。

　　生活在黑暗中的一切都是不純潔的。夜鷹這種夜行性鳥類，體型看起來有點像隻小隼，也有點像布穀鳥，牠似乎也被歸類成惡魔。十八世紀英國一個名叫吉爾伯特‧懷特（Gilbert White）[5]的學者，根據一則民間迷信的說法，指出夜鷹會刺破牛皮，並在牛的體內產下蒼蠅卵。在整個歐洲地區也流傳著一個傳說，人們相信夜鷹會偷走母牛和母羊乳房裡的牛奶。在波蘭文和英文裡，牠都有「吸羊鳥」這個綽號（Kozodój），在拉丁文中也被稱為「飲羊乳者」（Caprimulgus）。事實上，夜鷹確實生活在牧場上，牠們會在飛行中捕捉農場動物身上的蒼蠅。「吸羊鳥」的嘴喙不大，不過由於牠們捕捉獵物的方式，可以把它張得很大。在〈人間

樂園〉（*The Garden of Earthly Delights*）中，希耶羅尼米斯‧波希（Hieronymus Bosch）[6] 賦予其中一個怪物夜鷹的特徵。這幅畫的部分是獻給地獄，呈現一個半人、半夜鷹的形體，牠一邊吞噬人類，一邊將他們排泄出來。

　　一個優秀的攝影師擁有無限的耐心。對於那些耐心躲在帆布或偽裝網底下，等候數個小時的故事，實在令人印象深刻。更別提那些必須尿在瓶子裡，雙腿麻痺，手指凍僵的故事了。波蘭國內最好的其中一位鳥類攝影家亞瑟‧塔波（Arthur Tabor），在《波蘭鳥類》（*Polish Birds*）描述自己如何成功在白天拍到一隻鵰鴞的照片。一個攝影同行發現一個鳥巢，已經架好一個掩蔽處，但是他必須在短時間之內出發。他提供塔波拍攝鵰鴞的機會，但是有一個條件，就是他不可以離開掩蔽處。任何動作都可能嚇跑正和幼鳥窩在鳥巢裡的鵰鴞。

　　第一天晚上發生一場暴風雨。掩蔽處的屋頂是用帆布搭建的，屋頂

5　吉爾伯特‧懷特（1720-1793），英國博物學家和鳥類專家。

6　希耶羅尼米斯‧波希（1450-1516），尼德蘭畫家，作品中常出現半人半獸的形象，用來描繪人類的邪惡面，〈人間樂園〉是一幅三聯畫，畫作分為三部分：左邊的天堂、中間的人間、右邊的地獄。

充滿了過多的雨水，水滴到攝影師的頭上，順著衣領流進他的上衣裡，並匯集到他臀部後面那個漏氣的氣墊床上。

　　我先打開紅外線相機一下子，我看見那隻雌鳥——牠用身體保護幼鳥，雨水不斷地從牠的鳥喙和翅膀流下來。雷電交加時，牠會緊閉雙眼，身體害怕地縮成一團。隔天早晨，這幾隻貓頭鷹全都被雨水淋得溼漉漉的，看起來簡直是悲慘的化身。我沒辦法拍照，因為鏡頭全都是霧氣，必須先等霧氣散掉才行……隔天晚上，變得非常的冷，更糟的是，甚至還結了一層薄霜。我感覺臀部特別難受，因為我一直坐在溼透的椅子上。到明天清晨，我想我一定會失去所有的知覺。

　　黎明時分，雌鳥起身去捕捉獵物。他終於等到這個好時機，可以拍到夢寐以求的影像。幾個小時過後，鳥媽媽返回巢穴。「我屏氣凝神地看著觀景窗，我看到是對所有我所受的苦，最好的回報，」他寫道。「整個畫面有隻站立的雌鳥，牠盯著我看，牠非常的美麗。我小心謹慎地對焦，並拍下第一張照片。我拍到了！繼續又拍了幾張之後，雌鳥進入巢中，在幼鳥身旁坐了下來。」
　　幾天過後，這個遮蔽處的主人終於返回，攝影師終於重獲自由：

　　我必須重新學習怎麼走路。畢竟我同一個姿勢坐太久，兩條腿在沼

澤裡動彈不得，現在它們不願意服從我的指示……我凍僵的臀部像塊木板，整整有一個月的時間我的臀部都沒有感覺。不過我珍視能在白天拍鷂鴞的機會。對於不知道背後故事的人而言，這些只不過是幾張普通的照片。然而對我而言，它們是一生中千載難逢的照片。

　　事實上，我並沒有對照片本身留下特別深刻的印象。一張夠好的照片只有在拍攝作者的說明後，才會變得更加生動有趣。我喜歡這個故事所呈現的英雄主義以及其中的倫理面向。一個十分專業的攝影師拿自己的健康冒險，只為了確保一隻動物可以獲得絕對的舒適感（！），而這對他來說是最重要的一件事。另外，他對鳥媽媽保護幼鳥不受風雨吹淋的描述，更表現出他對此的感同身受。這個故事還有一個悲傷的後記，亞瑟‧塔波日後在進行自己最愛的事時，不幸死去。他在蒙古拍攝鳥類時，發生一場悲慘的意外。

　　我講這個故事是為了引起人們對其他事情的注意。攝影是一門專注、精準和耐心的藝術。為了拍到一張好照片，你需要花很多時間與小鳥共處（我指的並不是那種不小心一次就拍成功的照片）。如果光從這點來看，我認為那些會花時間觀察小鳥的攝影師會比許多鳥類學家更了

解牠們的行為。在一次前往克尼辛斯基森林（Puszczy Knyszyńskiej）的團體旅行中，M 曾經讓我覺得非常尷尬。我們希望此行能看到侏儒貓頭鷹。這是一個人數眾多的團體，但其中只有兩個攝影師。我們當中有個人在離「比亞韋斯托克」（Białystok）[7] 路標（波蘭東北部最大的城市）只有幾英里遠的松樹林裡，發現到一隻貓頭鷹。這隻貓頭鷹高高地飛過松樹頂上。幾個第一次看到這隻小生物的鳥人花了一點時間觀賞牠（大約十分鐘左右），然後就準備好要迎接新的刺激了。

大家對前往大約半英里遠的地方（牠的狩獵領地）尋找第二隻貓頭鷹的建議興致缺缺。我們無精打采的往那裡走。樹木越來越低，結果發現我們正走進一個沼澤區裡。那隻鳥幾乎馬上出現。牠一點都不膽小，正當我們忙著在樹梢上尋找牠的蹤影時，牠就停在我們的頭上方。當我們最後終於發現到牠的時候，牠卻已經飛走了。兩位攝影師想繼續留下來，但是其他成員堅持要先吃點東西，找到下榻旅館，以及參觀其他的地方。這些觀鳥者已經看夠了。M 感到十分沮喪。我們大老遠開了一百二十英里的車只為了看一隻侏儒貓頭鷹，然後在我們的生涯清單上打勾？究竟誰比較敏感——一個攝影師，有時因為過於魯莽而嚇跑小鳥，但卻願意花無數個小時欣賞一隻小鳥；或是觀鳥者，他們總是保持安全距離，但只需短暫看一眼，就感到心滿意足？

7   比亞韋斯托克，位於波蘭東北部，距離華沙以北大約一百八十公里，接近白俄羅斯邊界。

鳥兒在唱歌
——生活與藝術中的鳥和人

Dwanaście srok

za ogon

9

At The End of The World
在世界的盡頭

從巴爾托西斯（Bartoszyce）[1] 區辦公室裡很難找到有關 F‧提許勒（F. Tischeler）的資料。我自己對他所知也不多：只有他的姓、名字的第一個

1　巴爾托西斯，位於波蘭北部，溫納河（Łyna）的下游。第二次世界戰爭期間，隸屬於德意志共和國。

字母，以及他在一九四一年曾經在這個地區觀察過鳥類。揚·索科羅斯基在《波蘭鳥類》一書中有提到他。但是，提許勒先生究竟是個專業的博物學家，還是只是個熱衷觀鳥的業餘愛好者？樵夫？或許是獵人？在過去，觀察大自然往往也代表著手上拿著一把短槍或獵槍。他住在這附近嗎？還是只是路過這一帶？

在當時的東普魯士地區[2]，很難想像人類史上最具破壞性的戰爭正在進行中。數個世紀以來巴爾托西斯區域在德國的統治之下，並沒有捲入戰爭的苦難之中。儘管當地居民必須強制派遣一支新兵隊伍，有時候會面臨某些物資短缺的情況，但是他們每年都能不受影響地繼續收割穀物，大砲的轟隆聲或飛機引擎聲也都沒有打擾到他們原本平靜的生活。

根據官方說法，有關這個地區居民的官方文件早在一九四〇年代時就已經遺失。被毀壞？被帶走？在利茲巴克·瓦爾明斯基（Lidzbark Warmiński），紅軍（Red Army）[3]士兵燒毀成堆的德文書籍，並將燒焦的殘書扔進溫納河（Łyna）裡。從區辦公室裡，我只得到一個來自明第村（Minty）[4]的林務員的電話。他現在正在休假，但是或許他會知道關於這個神祕鳥類學家的事。事實上，帕維爾·烏拉紐克先生（Paweł Ulaniuk）還記得在附近森林裡有一個小紀念碑，上面有一些關於提許勒先生的記載。他建議我跟林務總局聯絡看看。

在這裡我也獲得一些很有用的資料：林務局副主任先生不僅給我看一張石頭上面有塊紀念牌的照片，還告訴我在哪裡可以找到它。「為

了紀念傑出的鳥類學家和博物學家弗里德里希・提許勒博士（Dr. Friedrich Tischler, 1881.6.2-1945.1.29），與他的妻子蘿絲・提許勒（Rose Tischler, 1884.5.31-1945.1.29）（原姓柯娃斯基〔Kowalski〕）。來自波蘭和德國的鳥類學家。」以波蘭文和德文兩種語言記載。所以他真的是位博物學家。他的妻子有個波蘭文的姓氏。這對夫婦神祕地在同一天去世，短短的碑文卻提供了豐富的訊息，但同時也產生更多的疑問。

　　經過一條糟糕的、坑坑洞洞、鋪著六角混凝土石磚的道路後，終於抵達盧西尼（Lusiny）[5]。映入眼前的是前集體農場的建築物，破舊的勞工住宅，現在成了巴爾托西斯區絕望居民的棲身之處。看起來夏天雜草已經爬進窗裡。除此之外，順著一排椴樹的大馬路走，就會到達從前提許勒夫婦的莊園，以及幾棟曾經度過美好時代的磚房。在集體農場解散後，

2　今天的東普魯士地區包括立陶宛默麥爾地區、俄羅斯的加里寧格勒州以及波蘭的馬佐夫舍省。
3　一九四五年，蘇聯紅軍攻進當時隸屬於德意志共和國的利茲巴克・瓦爾明斯基地區，雙方發生激戰，該城幾乎全毀。
4　明第，位於馬佐夫舍省的一個村莊。
5　盧西尼，位於巴爾托西斯區的一個小村莊。

只剩下那些因為各種原因無法離開的人，繼續留在這個被遺棄的地方。

　　雖然馬伊科斯卡太太（Majkowska）有分配到在金卡伊米（Kinkajmy）附近一處住宅區的公寓，但是她並不想丟下她的父母。現在她得騎好幾英里遠的腳踏車，才能到達最近的商店。她不清楚提許勒家的故事，因為她的父母是在一九五〇年代才搬到這裡的。布里吉達（Brygida）可能認識他們，因為她當年和集體農場的管理員住在一起，不過跟馬祖爾地區的大部分人一樣，她最終也離開這裡，搬到德國。馬伊科斯卡太太只記得在紀念碑旁的一處墳墓。她還記得一件她寧可永遠遺忘的事：有天晚上，在集體農場工作的士兵喝得爛醉，居然把他們乾掉的屍體從棺木裡拖了出來，並扔在路旁。

　　在盧西尼莊園的一樓曾經有間商店。當時有幾戶人家住在這棟兩層樓的房子裡，但是隨著時間的流逝，這個地方變得空蕩蕩的，並且越來越破敗不堪。一個當地的大地主接手整修這棟破舊的房子，並決定自己搬進來住。整個工程已經進行了好幾年，很明顯的，這個新屋主和管理委員之間有嚴重嫌隙。這個地方被圍起來。除了那個新的屋頂和破舊的牆壁不談的話，這棟樸素的莊園會是個大小適中的房子。而且新屋主的辦公室就在附近的塞德勞基（Sędławki）。

　　「現在跟董事長會面是不可能的。」斯坦尼斯瓦夫先生（Stanisław）談到老闆時，他恭敬地低下頭並閉上了眼睛。

　　這個敬業的員工來自這個地區。他記得小時候和其他幾個小男孩，

偷偷潛入提許勒家的墳墓，看看襯著橡木木屑的棺木（這是在這個地區保存遺體的方法），以及那早已乾掉的屍體。他記得在灌木叢裡的某個地方有個被砍掉的頭顱。大約在一九七〇年代，這個墓園被拆除，他不清楚後來這些屍體是如何被處理的。至於那棟莊園本身，「那裡面沒有什麼可以看的」。戰後，一個當地居民和曾經在莊園工作的女僕結婚，並曾在那棟屋裡住過一段時間。或許他能告訴我一些故事？

傑拉德・卡爾第尼斯基（Gerard Kaldyński）在今天的加里寧格勒州（Kaliningrad Oblast）出生。他用不確定的眼神看著我，不太明白我為什麼對這些事感興趣。很多年前他的哥哥阿爾諾（Arno）就已經搬到德國去了。過去住在這裡的居民，現在只剩下他。對於提許勒的房子，他並沒有留下太多的記憶，畢竟那時候他年紀還小。即使如此，那些僅存的回憶也可值得確認。傑拉德先生告訴我，他記得提許勒家裡留有一架直立式鋼琴和一個老爺鐘。但是像這樣貴重的物品能躲過紅軍的掠奪嗎？

爬上破舊腐壞的階梯，我開門走進弗里德里希和蘿絲的家。走廊裡有一個玻璃隔板，擋住了部分腐舊的階梯。牆壁上的灰泥全被刮除，要不是還有窗戶邊殘留的漂亮鑲條（新屋主決定不動它們），這裡看起來感覺空無一物。在房子前面，也就是靠椴樹大道的那一側，現在有一堆

堆的砂石瓦礫，以前那裡一定有個花圃，或許某棵樹還提供屋子一片樹蔭。我小心翼翼地走上樓，以免驚嚇到那隻正忙著啄新樑木的五子雀。整間房子空蕩蕩的。外面的門旁有幾個舊的空瓶子。我拿了最小的一個。

　　我前往拜訪馬利安・希姆凱維奇（Marian Szymkiewicz），他是奧斯廷（Olsztyn）自然博物館的館長，也是盧西尼那個樸素紀念碑的發起人之一。這是陽光明媚的一天，大片的雪花從屋頂上掉落到地面上，並發出沙沙的吵雜聲。馬利安先生給我一份意想不到的禮物：兩篇有關提許勒的文章。一篇由克里斯多福・辛科曼（Christoph Hinkelmann）所撰寫的德文文章，以及一期博物館期刊——《自然：瓦爾米亞－馬祖爾省的自然世界》（*Natura: the Natural World of Warmia and Masuria*），裡面有一篇名為〈弗里德里希・提許勒（一八八一－一九四五）：東普魯士傑出的鳥類學家〉（*Friedrich Tischler (1881-1945): Eminent Ornithologist of East Prussia*）的文章，作者是尤金尼斯・諾瓦克（Eugeniusz Nowak）[6]。諾瓦克在序言中寫道：

　　我在馬祖爾待了許多年，我在那裡主持一個小型研究站。我的工作包括研究鳥類，也因為這樣的機會，我得以透過他留下的科學文章，認識這位已經去世多年的學者，他是我研究路上最重要的導師與助理。我和弗里德里希・提許勒有一份特殊且私人的關係，因為我是第一個發現他墳墓的博物學家。

普魯士的地方鄉紳是保守價值的中流砥柱。在他們的社會圈中，提許勒夫妻的觀點在當時被認為屬於自由派，其背後原因可能是家庭創傷所造成。他們的祖先是虔誠的卡爾文教派信徒，為了逃避宗教迫害從薩爾斯堡逃到普魯士。他們在十九世紀初期在這個地區定居，盧西尼（德文稱為「洛斯格內」〔Losgehnen〕）成為他們的家鄉。

　　然而，政治當然不是提許勒對生活的熱情。他在家庭教師卡爾‧波洛斯基（Carl Borowski）的影響下成長，他同時也是一個熱衷打獵的人。從很小的時候起，他就開始收集植物標本，並專心忙著把昆蟲固定在陳列櫃中。他還有一本「鳥類觀察記」，記錄他對鳥類習性、行為和聲音的觀察。他射獵小鳥，並把牠們拿來做科學研究。他收藏的第一個戰利品是一隻黑啄木鳥。

　　提許勒家族非常重視孩子的教育，家族中還培養出幾個著名的科學家。難怪在巴滕西坦（Bartenstein）[7] 的高中裡，提許勒是班上的優等生，只有體育成績較差。儘管他對自然科學十分感興趣，他最後還是選擇修

6　尤金尼斯‧諾瓦克（933-），德國鳥類學家。
7　巴滕西坦，今日的巴爾托西斯。

讀更實用以及可靠的法律學科。話雖如此，他並沒有打算要放棄自己的熱情。在一九〇五年，他發表自己的第一篇科學文章，內容是關於成群的八哥。隔年，他又發表一篇關於金卡伊米湖的鳥類的文章，他位於盧西尼的莊園離湖岸只有幾百公尺遠。畢業之後，提許勒想在家鄉地區找份工作，希望能夠在屬於這裡的大自然世界裡繼續探險。

一九〇八年，他得到一份在利茲巴克（Lidzbark）法院擔任法律顧問的工作。但是，後來他拒絕一個必須搬到另一個較大城市的升遷機會。從利茲巴克到盧西尼大概只有二十公里左右，他所有的空閒時間都是在那裡度過的。他不是屬於環遊世界那一類的人，他總是會到位於庫爾斯沙嘴上的羅西騰鳥類觀察站度假（今日的「雷巴奇生物觀察站」）。一九一四年，他的第一本著作《東普魯士省的鳥類》（*Die Vögel der Provinz Ostpreußen*）出版，並獲得很好的評價。在序言中，提許勒鼓勵鳥類學家與他合作，並將觀鳥紀錄寄給他。

與此同時，歐洲戰火紛飛。對於生活在這個年代的人而言，這是史上規模最大、最殘酷、最悲慘的一場人類衝突。從今日的角度來看，這只是二十年後所發生的事件的前奏。即使是這樣，殺戮似乎從來沒有如此簡單——士兵被芥子氣悶死、被火焰噴射器燒死，被炸彈和坦克車大砲射死。醫院裡有數千人死於痢疾和傷寒。

從他那篇一九一八年所發表關於歐鴿的文章中，很難推斷出提許勒

是否深受普魯士戰敗的影響。他是否像大多數的同胞一樣，認為凡爾賽條約不公不義，是個屈辱呢？他當然沒有在科學研究上屈服於民族主義的情緒。在準備他的兩卷巨著《東普魯士及鄰近地區的鳥類》（*Die Vögel Ostpreußens und seiner Nachbargebiete*）時，他參考了佛茲米耶斯‧普哈斯基（Włodzimierz Puchalski）[8] 的鳥類觀察。普哈斯基是一位波蘭博物學家、攝影師、電影導演，也是「不流血的獵殺」（Bloodless hunting）概念的創造者。

《東普魯士及鄰近地區的鳥類》於一九四一年出版，並受到鳥類學圈的熱烈迴響。這個來自利茲巴克謙虛的公僕因此還獲得許多榮譽：柯尼斯堡大學（Universität Königsberg）榮譽博士學位以及威廉皇帝學會科學促進會（Kaiser Wilhelm Society for the Advancement of Science）的會員資格（今天的馬克斯‧普朗克學會〔Max Planck Society〕）。

他的著作不僅僅在科學界引起注意。一九四二年，提許勒在比亞沃維耶扎森林（Białowieża）[9] 待了一週，這個地方是帝國狩獵大師和空軍總司令赫爾曼‧戈林（Hermann Göring）[10] 最鍾愛的地方。提許勒在信中寫道，他這次的拜訪「有點像卡爾‧邁伊（Karl May）[11] 的浪漫主義，德國林務局以幽默的態度忍受著這種浪漫。」如果我理解正確的話，那麼德國納粹是牛仔，當地居民就是印第安人。在這樣的比較中，邁伊高貴的英雄溫內圖（Winnetou）還有存在的空間嗎？「他與現實隔絕，只被允許觀察鳥類」，諾瓦克寫道。提許勒似乎也沒有特別認真看待現實。

提許勒對納粹的態度讓我感到非常困擾。希特勒在一九三三年掌權時，我們也只掌握到當時這位鳥類學家正在普魯士地區進行一個苔原亞種環頸鴴的研究。我詢問尤金尼斯·諾瓦克，他是否認為提許勒是個納粹分子，他回答道：「他自認是個德國愛國主義者，但是我們從來沒有發現可以認定他是個極端愛國主義的證據。」與提許勒關係親密的侄子，同時也是著名的生態學家和基爾大學教授沃爾夫岡·提許勒（Wolfgang Tischler）也證明了這一點。他非常確定他的叔叔不是國家社會主義德意志勞工黨（NSDAP）[12] 的成員（他的名字並沒有出現在會員名冊

8　佛茲米耶斯·普哈斯基（1909-1979），波蘭最早的野生動物自然電影的導演之一，一九三九年他執導的自然電影《不流血的獵殺》首映，造成很大的轟動。「不流血的獵殺」這一詞，描述使用膠捲和靜態照相機拍攝野生動物。

9　比亞沃維耶扎森林，位於波蘭東部與白俄羅斯的邊界上，直到第一次世界大戰前，這裡是俄國沙皇重要的狩獵林區。一九一五年，德軍占領此地，並成為高官與社會名流的專屬狩獵場。

10　赫爾曼·戈林（1893-1946），德國納粹政治家、戰鬥機飛行員和德意志帝國元帥，被認為是德國僅次於希特勒的第二大權勢人物。戈林熱衷狩獵，特別鍾愛比亞沃維耶扎森林，並在這裡打造一個面積相當廣大的帝國狩獵場。

11　卡爾·邁伊（1842-1912），德國著名的冒險小說作家，故事多以美國西部、墨西哥和中東為場景。《溫內圖》是其中最受歡迎的小說，主角溫內圖是個心地善良的美洲印第安人，故事描述他和德國白人好友兼兄弟「老碎手」（Old Shatterhand）的故事。希特勒在其自傳中也曾提到自己非常喜愛卡爾·邁伊的作品。

12　「NSDAP」全名為「國家社會主義德意志勞工黨」（Nationalsozialistische Deutsche Arbeiter Partei），一般稱為「納粹黨」（Nazi）。

中）。他對於政治的態度的確顯得相當天真。一個典型個性內向的學者，完全投入在自己的研究熱情中。

在他的《最艱困時代的科學家》（*Scientists in the Hardest of Times*）書中，尤金尼斯·諾瓦克談到博物學家（主要是鳥類學家）的生活，他的生活以各種方式受到二十世紀極權主義政權的影響。大多數的科學家都不關心政治，而是在科學中尋求庇護，以逃避殘酷的現實。並非每一個人都成功達到這點。其中有些人被認為是歷史的犧牲者，有些則成為加害者或共謀者。然而，最引人注目的是在戰爭期間，將科學家團結在一起的深厚的、跨國的、超越意識形態的緊密情誼，這一點也已在後來的傳記中獲得證實。

我們很難譴責艾爾溫·施特雷斯曼教授（Erwin Stresemann）[13]，他在讀到關於第三帝國獲得軍事勝利時所表現出來的驕傲心情，但是同時他也沒有忘記他被關在戰俘營中的朋友們。他寄有關鳥類學的文章和套腳環給兩位英國軍官約翰·布克斯頓（John Buxton）和喬治·瓦特斯頓（George Waterston），[14] 這樣他們才能在營區進行對燕子的研究。然而，他的朋友剛特·尼特海默（Günther Niethammer）[15]，德國最傑出的鳥類學家之一，卻是一個稱職的迫害者。他加入「納粹黨衛軍」（Waffen-SS）[16]，並在奧斯威辛（Auschwitz）集中營擔任安全人員。這聽起來像是一個冷酷的笑話，但即使在那樣的地方，一個死亡工廠，他也抽出時間觀察小鳥。

一九四二年，他發表了〈對奧斯威辛鳥類生活的觀察〉（*Beobachtungen*

über die Vogelwelt von Auschwitz）。在寫給施特雷斯曼教授的信中，他對自己彷彿是集中營裡的「帝國狩獵大師」，感到洋洋得意：他騎著腳踏車，帶著獵槍去打獵（他有打獵的特別許可證）。在一九六〇年代晚期，尤金尼斯·諾瓦克與安傑伊·札奧斯基醫師（Andrzej Zaorski）對談過，後者在戰爭一結束後，馬上著手進行拯救奧斯威辛的倖存者。當時在集中營區內的工作人員宿舍裡有無數的鳥箱，札奧斯基醫師對此感到驚訝不已。除此之外，他還在指揮官的保險箱裡找到一篇尼特海默撰寫的關於奧斯威辛鳥類的文章，這篇文章正是獻給指揮官魯道夫·賀斯（Rudolf Höß）[17] 本人。儘管有多種說法表明這位科學家在奧斯威辛期間深受洗腦影響，但是戰後試圖掩蓋他傳記中那些臭名昭著的頁面，並沒有改善他身為「集中營狩獵大師」的名聲。

　　諾貝爾得主康拉德·洛倫茲（Konrad Lorenz）[18] 也深受國家社會主義意識形態的影響。洛倫茲是個天生的說書人，也是令人喜愛的鵝和烏鴉

13　艾爾溫·施特雷斯曼教授（1889-1972），德國博物學家和鳥類學家。
14　約翰·布克斯頓（1912-1989），英國鳥類學家和詩人。喬治·瓦特斯頓（1911-1980），蘇格蘭鳥類學家。
15　剛特·尼特海默（1908-1974），德國鳥類學家，由他撰寫的《德國鳥類學手冊》（Handbuch der deutschen Vogelkunde），是德國鳥類學的標準著作。他在一九三七年成為納粹黨員。
16　「納粹黨衛軍」（Waffen-SS），全名為 Die Waffen Schutzstaffel，納粹德國統治時的一支武裝部隊。
17　魯道夫·賀斯（1901-1947），最早提出以毒氣屠殺猶太人的其中一人。
18　康拉德·洛倫茲（1903-1989），奧地利動物學家，曾是納粹黨的黨員，一九七三年與其他兩位科學家共同獲得諾貝爾生理學或醫學獎。

書籍的作者。戰爭期間，他在波茲南（Poznań）[19] 進行證明雅利安（Aryan）種族優越性的研究。在這段研究期間，他了解到存在於他所服務的體制內的犯罪行為。從他後來的聲明以及與尤金尼斯·諾瓦克的談話中，我們可以得出一個結論，他的改變是真誠的。

在諾瓦克的書中，還有一章是關於弗里德里希·提許勒。

布克斯頓和瓦特斯頓與戰俘營中的其他兩個同事，約翰·巴瑞特（John Barrett）和彼得·康德（Peter Conder）[20]，四人一起進行套鳥環的工作。這四個人也成為德瑞克·尼曼（Derek Niemann）[21] 那本充滿英式幽默感，並且非常有趣的書籍主角──《籠中鳥》（*Birds in a Cage*）。尼曼描述四個軍官，他們同時也是鳥類學家的故事，他們最後做出的一個結論：監禁不是停止科學研究的理由。是的，戰爭正在進行，但觀察鳥類總還是可能的。這本書以博物學家波伊德（A. W. Boyd）的話開頭，他在一九三九年九月的每週專欄中寫道：「我忍不住不這樣想，如果希特勒是一名鳥類學家的話，他應該會把戰爭延到小鳥的秋季遷徙之後才開打。」

這四個英國軍官的觀鳥方式非常的有條有理。當布克斯頓被派往挪威峽灣執行一項特殊任務時，他記錄了燕子的遷徙初期，而負責保衛克里特島馬萊姆機場（Maleme Airport at Crete）[22] 的瓦特斯頓則在筆記本上記

錄了一隻紅頭伯勞鳥。囚禁並沒有帶來太多的變化。囚犯們唯一抱怨的是，他們不能自由在該地區的周圍（圍欄！）移動，以及他們被禁止借梯子檢查營地內的巢穴。他們研究普通鳥類的繁殖習性，他們將頭探過鐵絲網，仔細地記錄下秋天經過此處的鳥類數量。

這四個人都在戰爭中倖存下來。當約翰・布克斯頓還在戰俘營的時候，他就已經開始觀察普通紅尾鴝的習性，這也成為他後來著作《紅尾鴝》（*Redstart*）的主題，這本書也被認為是鳥類學寫作的傑作。喬治・瓦特斯頓在謝德蘭群島（Shetlands）[23] 的費爾島（Fair Isle）成立了一個研究中心，並大力推廣生態旅遊。約翰・巴瑞特撰寫了數十年來最廣泛被使用的海鳥指南。彼得・康德成為皇家鳥類保護協會的主席，該協會在他的領導下成為一個擁有數十萬會員，並極具影響力的組織。

19　波茲南，位於波蘭中西部，是該國最古老的城市之一。
20　約翰・巴瑞特（1913-1999），環保主義者和作家。彼得・康德（1919-1993），英國鳥類學家。他們兩個、布克斯頓、瓦特斯頓同為瓦爾堡營區（Warburg）的同事，據說他們每個月會固定開一次會，討論他們觀察到的鳥類。
21　德瑞克・尼曼，英國自然歷史的作者。
22　克里特島馬萊姆機場，位於希臘，一九四一年德國傘兵部隊在此島登陸。
23　謝德蘭群島，位於蘇格蘭以北，也是英國的最北端。

盧西尼，戰爭前一年。弗里德里希・提許勒背靠著寬敞陽台的出入口站著。背後有張藤椅。他看著鏡頭，表情嚴肅，瞇著眼睛。這也難怪，因為陽光正好照在他的臉上。也許這就是為什麼他看起來有點不耐煩？或者也許有人打斷他的工作？身上那件沒有扣上釦子的工裝夾克似乎說明了這一點。他在裡面穿著一件立領白襯衫。他的體型偏瘦，禿頭，戴著金框眼鏡，看起來像個牧師。一副雙筒望遠鏡掛在他的脖子上。那可能是蔡司 8×30s，非常適合在樹林中觀察鳥類。

一九四四至一九四五年冬天。戰爭的結果已成定局。納粹德國注定要滅亡。東普魯士的居民充滿遠見，他們沒有待在原處等候蘇維埃士兵找上門來。他們收拾行李，攜家帶眷，往西逃難。與此同時，弗里德里希・提許勒在他的莊園附近憂鬱地散步。他不時停下腳步，舉起他的雙筒望遠鏡，記下一些東西。太平鳥、交嘴雀、紅腹灰雀。成群的黃嘴朱頂雀在田野裡停留了一會兒。一年四季都可以觀賞到有趣的小鳥。

在過去的一年，他已經發表過兩篇文章，一篇關於在拉脫維亞的黑耳鵰，另一篇是在東普魯士首次發現到三趾啄木鳥的紀錄。提許勒並不關心在前線發生的事，或許他認為這些事情跟他無關。他當時正在撰寫《東普魯士及鄰近地區的鳥類》的第三卷，壓根沒注意到此刻的東普魯士隨時會走入歷史。一九四五年一月中，在一封寫給他姪子沃爾夫岡・

提許勒的信中，他寫道：「我們在這裡一切安好。我們正冷靜地等候德軍的新攻擊。」

　　當時他是多麼的天真！尤金尼斯‧諾瓦克認為提許勒一定是信了這個地區的大區長官埃里西‧柯赫（Erich Koch）[24] 所加強的宣傳活動——他應該根本沒有想到德軍會戰敗，或他在盧西尼的家鄉會受到戰爭的波及。然而，短短不到兩個禮拜的時間，紅軍就已經在咫尺之外。瓦爾特‧馮桑登（Walter von Sanden）[25] 是一位來自瓦爾米亞（Warmia）[26] 的博物學家，當他騎著腳踏車逃離位於古亞（Guja）的家族莊園時，曾經試圖前往提許勒家通風報信，但是他的去路被前線擋住了。

　　一九四五年一月二十三日，在寫給基爾親人的一張明信片上，弗里德里希‧提許勒寫道一旦紅軍進入他的家鄉，他和妻子就會一起自殺。這張明信片在日後遺產繼承上應該會派上用場。一個來自馬庫夫（Mackow）名叫米哈特（Mithalter）的人，曾經在最後一刻說服他離開。提許勒謝謝他的關心，但拒絕了他的好意。他站在露台旁的階梯上，手上拿著他的雙筒望遠鏡，觀看躲在樹梢上的幾隻小鳥。一九四五年一月底時，他看的是哪一種鳥？也許是今天還在通往莊園的椴樹林蔭大道上歌唱的五子雀？

　　提許勒的姪子沃爾夫岡從叔叔的馬車夫卡羅‧哈特維特（Karol Hartwig）身上得知關於這位鳥類學家和妻子的死因。一個醫生朋友提供他們毒藥。哈特維特按照指示另外挖了一個墳，很顯然地，他們並不想

葬在家族墓地裡。諾瓦克相信他們是在一月二十九日晚上自殺的,但辛科曼則認為應該是在三十一日。蘿絲倒在家族墓地旁邊,提許勒則是躺在剛挖好的墳墓邊上。有必要採取如此激烈的做法嗎?一九六二年,諾瓦克與馬佐夫舍省當地一名婦女訪談時,她談到自己親眼目睹當年紅軍進入這個小村莊,士兵沒有放過任何一個人。所有的男人,無論年齡大小全都被槍殺,他們的屍體還在雪地裡躺了好幾天。

　　盧西尼。一個坐在屋前的老人家說,去年有一些德國人來到這裡,他們對於在莊園池塘旁的墳墓感興趣。什麼墳墓?他不清楚,而我也不記得在莊園旁有任何看起來像墓園的建築。所謂的池塘,其實是個布滿碎石的水池,裡面積著還沒乾涸的春雨。也許一九四五年一月份遭到槍殺的當地居民就埋在那裡?

---

24 埃里西・柯赫(1896-1986),曾經擔任東普魯士納粹德國的大區長官,地位僅次於元首和全國領導。
25 瓦爾特・馮桑登(1888-1972),德國博物學家和作家,專門研究東普魯士的動植物。
26 瓦爾米亞,波蘭北部的一個歷史地區,位於今日的瓦爾米亞–馬佐夫舍省。古亞是其中的一個小村莊。

如果瞇著眼看,從提許勒莊園的窗戶可以看到在格利塔尼(Glitajny)[27]的鄉間莊園就矗立在附近的一座小山坡上。屋主蓋爾格·鮑曼(Georg Borrmann)在一月二十八至二十九日晚上紅軍入侵前逃離家園。我們不清楚他是否有聯繫他的鄰居。這兩個地方之間只隔了一個狹窄潮溼的山谷。位於格利塔尼的房子屋況還很不錯,美麗的月桂冠樹葉圖案的灰泥也還完好如初。相較之下,提許勒莊園就顯得樸素許多。我與一個當地養蜂人見面,他在戰後曾經和家人住在那裡。「這個地方充滿活力!」他說。

尤金尼斯·諾瓦克在一封 E-Mail 中寫道,當他在一九六〇年代拜訪盧西尼時,他看到一具提許勒祖先已經乾掉的屍體被拉到墳墓外。在一個集體農場工人和兩個當地居民的協助下,他們一起把屍體放回棺木裡。他對如此褻瀆的行徑感到震驚不已,他從未針對這起事件發表過任何文章。不過,他有向在奧斯廷的民政事務署報告過這件事。署長向他坦承「這並不是單一事件」,因此他們兩人做出這樣的結論,最好把屍體埋在地底下,並拆掉墓園,以防再次遭到當地不良分子的破壞。

根據我調查到的可靠結果,這個墓園繼續留在盧西尼的森林裡至少有十多年的時間。甚至在今天,在春天當灌木叢還不是長得太高的時

候，還可以看得見墓園底部的輪廓。殘破的紅色屋頂瓦片散落四處。在一九六〇年代，墳墓隆起的部分還依稀可見，弗里德里希和蘿絲可能就葬在裡面。後來，提許勒夫婦的安息處便被樹林吞沒。多虧了尤金尼斯·諾瓦克和馬利安·希姆凱維奇的努力，他們在一九九〇年代晚期立下一塊鑲有紀念牌的石碑。

細雨飄在距離紀念碑兩百公尺左右的金卡伊米湖上。「金卡伊米湖」這個名字數次出現在提許勒的文章中。綿綿細雨黏在身上。灰鶴在收割完的麥田上漫步。在成鳥的注視下，一隻灰色的幼鳥正坐在田地上。沿著清除草木後的溝渠邊，可以看見翠鳥湛藍色的翅膀正閃閃發亮。一個身上穿著雨衣的釣客一動也不動地坐在湖岸邊，蘆葦叢後一群淺色的蒼鷺也同樣靜止不動。一片寂靜。只剩湖面上燕子和諧的嘰嘰喳喳聲。

27　格利塔尼，位於馬佐夫舍省的一個小村莊。

鳥兒在唱歌
——生活與藝術中的鳥和人

Dwanaście srok
za ogon

10

Claypit Park

黏土坑公園

　　如果我是一隻鳥，鳥類圖鑑的作者應該會這樣形容我——我「過著一種近乎定居的生活」。我這一輩子都住在同一個地方。過去三十年來，每年夏天、秋天、冬天和春天我都會在什琴希利維湖（Szczęśliwice）[1] 觀

1　什琴希利維湖，位於華沙的歐侯塔區，是當地挖掘黏土礦坑所留下的坑洞，後來形成一處人工池。

察鳥類：第一場結霜，第一場雪，我住的公寓住宅區旁綻放的第一朵白色櫻花。我有點像麻雀，很少會離開附近的社區。我說不出來這個社區長什麼樣子，畢竟我無法透過別人的眼睛觀看。我猜這是一個安靜的社區，只有偶爾會在半夜聽到瘋狂的足球迷大喊「軍團！」（Legia）[2]的聲音，聽起來就像隻受了傷的狗，或憤怒摔椅子的聲音。一九七〇年代興建的住宅區，一個大社區，表面覆蓋著杏桃色保麗龍的灰色建築物。幸運的是，還有霧霾和地衣把它妝點得古色古香。但是，全都比不上這個珍貴的公園。

　　這座公園是荒野、郊區果園和垃圾山的遺址。吉普賽人會紮野營的草地。現在是舊磚廠積滿水的黏土坑。這就是為什麼這裡沒有古老的樹木或壯觀的古典建築。這座公園的血統出於平民。一座垃圾堆、亂七八糟的破布、廢金屬和一九四四年華沙起義後殘留的磚頭所形成的小山丘。馬雷克‧諾瓦科斯基（Marek Nowakowski）[3]這樣形容戰後的什琴希利

2　「軍團」，「華沙軍團足球俱樂部」（Legia Warszawa）的簡稱，是波蘭實力最堅強的足球隊之一。
3　馬雷克‧諾瓦科斯基（1935-2014），波蘭作家，擅長描述社會邊緣人物的生活。

dzięciołki
小斑啄木鳥

維湖：「那裡有越來越高的垃圾堆，看起來就像月球上的山脈。垃圾冒著煙，不斷在燃燒，有時候在夜裡還可以看見強烈的火光，彷彿發生了一場大火。」地下工程使得這裡不斷有一些神祕的繩子和繩索從地底下被擠到地面上來。

　　這片有黏土水坑、地勢高低不平的大草原，是在一九六〇年代後期才逐漸文明化的。一條運河連接兩個湖，賦予這座山丘一個較有規則的形狀。新的什琴希利維公園裡種植了白楊木和生命短暫、總是急著在一道曙光出現時綻放花朵的日百合。柳樹沉重又粗亂的枝條就垂在黏土水坑邊上。另外還種植了一片松樹林，現在成了臨時廁所。最晚到一九九〇年代的初期，這座山丘的南部都是被休耕的田地和高麗菜田所圍繞著。受到驚嚇的雉雞會從灌木林中飛跳出來。這是一個安靜但卻不是十分安全的地方，布滿岩石的土壤，一條通往鐵軌塵土飛揚的泥路。我在這附近埋葬我的第一隻狗，但牠的安息處一點也不得安寧。天翻地覆的變化隨後而來。

　　一九九〇年代這個地區曾經進行過一場「整形手術」，可是結果並不成功。一大群的吊車隊伍前進到這個公園內，它們的長手臂暴力摧毀這座小山丘。用石膏板建蓋的擁擠社區遍布整個地區，彷彿是從地中海地區移植過來的廉價度假屋。公園外圍上也蓋了一座新教堂，趁勢巧妙利用當時的政治生態。除此之外，山丘上還立了一個新時代的紀念碑——一座全年開放的滑雪場。丘頂被填高，兩側的山坡被剷平，並覆

蓋著一層白色的人工雪。另外還架設圍欄。然而，人群並沒有如預期蜂擁而至。滑雪者怎麼可能拒絕塔特拉山脈和奧地利阿爾卑斯山脈，一蜂窩從我們這座壯觀的彎曲雪道上滑下來呢？這裡還有一個一年僅開放三個月的游泳池。三個體育館、三個兒童遊樂場、兩座足球場、兩個排球場、一個籃球場、一個網球場和一間咖啡店。還有更多的投資案陸續會進場。公園裡究竟還剩下多少公園呢？

多雲的冬日早晨籠罩在濃霧中。數十隻的海鷗一動也不動地坐著。牠們大多數是眼睛後方有黑色彎月斑紋的紅嘴鷗，另外還有幾隻普通海鷗。在波蘭，牠們的名稱從原本的「普通海鷗」改成「灰頭鷗」，因為如果光從字面上解讀的話，人們如何保護一種數量並沒有受到威脅的鳥類？夜晚時，這群海鷗停留在冰雪覆蓋的黏土水坑上，靜止不動，但卻保持高度警戒。大約早上八點鐘，牠們一邊大聲喧嘩，一邊飛往附近的住宅區。牠們會拜訪垃圾桶，看看牠們認識的廣場。在那裡牠們總是能夠找到四處亂丟的麵包——白麵包、黑麵包，或是發了綠霉的。新鮮剛出爐的、乾掉的、跟石頭一樣硬的。

沒有什麼可以逃過牠們的法眼。牠們一刻也不停歇地騷擾其他在某處發現肉湯骨頭的小鳥。牠們緊迫盯人，一路追逐幸運的骨頭發現者，

直到牠們放棄自己的寶物為止。有趣的是,如果海鷗遭到捕捉,牠們第一直覺就會把最後吃進肚子裡的食物給吐出來,畢竟狩獵者除了食物還會想要得到什麼呢?當大地進入一片冰凍時,強壯的銀鷗和裏海銀鷗就會拜訪公園。但是,往往只有十來隻。牠們生性比較謹慎小心。牠們需要更多的力氣和時間才能飛離地面,所以這些大鳥從來不會冒險靠近人群。牠們不會為了掉在池邊的食物互相推擠爭吵。

直到現在,只要水面一結冰,紅冠水雞就會開始負責巡邏水岸的工作。牠們一看見人影,就會馬上逃進乾枯的蘆葦叢中。在寂靜的冬日裡,有時也可能聽到紅腹灰雀金屬般的低沉叫聲,阿爾布雷希特‧杜勒曾經畫過牠們結實的身體。在一大片的連翹花灌木上,數百隻的燕子正嘰嘰喳喳地唱著歌。在清晨時分,牠們看起來像極了迷你的羽毛裝飾球。此刻餵鳥器旁充滿生命力。啄木鳥掛在塑膠瓶的瓶口,在牠們下方的樹麻雀正啄著散落的種子。一直要等到二月底,一切才會從寒冬中甦醒過來。山雀歡快地唧唧叫,烏鴉也開始整修自己的巢穴。一對我認識的烏鴉看著我為我的狗梳毛。我丟了一小球的狗毛,其中一隻烏鴉飛到草地上追逐那顆小毛球。只要時機允許,牠會收集任何牠可以得到的東西。牠的嘴喙裡塞滿了狗毛,看起來猶如長了巨大的紅鬍子。就像年輕的法蘭茲‧約瑟夫一世(Kaiser Franz Joseph)[4]一樣。

華沙各地的攝影師全都在尋找牠們的蹤跡：一對敘利亞啄木鳥，不過現在波蘭文稱牠們為白頸啄木鳥，牠們現在是什琴希利維公園的大明星。牠們的名字並不是取名不當，這種鳥類確實來自小亞細亞，直到十九世紀初期才擴及到巴爾幹半島。年復一年，牠們慢慢往北遷徙。在一九七〇年代晚期，第一隻敘利亞啄木鳥在一個波蘭樹洞裡孵出小鳥。牠們特別喜歡城市公園，尤其是那裡的老果樹。牠們也很喜愛柳樹柔軟的樹枝和白楊樹。牠們那異國的血統並沒有馬上被發現。事實上，牠們與大斑啄木鳥的樣貌實在太相似，再說這兩種小鳥可以雜交繁殖。

　如何分辨兩者的差別？敘利亞啄木鳥不會平白無故就變成白頸啄木鳥。兩頰上的「鬍子」並沒有連到頸背，因此整個頸子都是白色的，牠的尾巴是粉紅色的羽毛，跟牠親戚的亮紅色有所不同。此外，牠的尾羽是黑色的，也沒有白色的斑點。牠們的聲音雖然很類似，但也不完全相同。雖然在什琴希利維公園附近都可以看見這兩種鳥類，但是這個公園對啄木鳥來說，並不完全是個理想的地方。這要如何跟普拉格區的斯卡

4　法蘭茲·約瑟夫一世（1830-1916），是哈布斯堡王朝（Habsburg）在位最久的皇帝，身兼奧地利皇帝和匈牙利國王，獲得大多數國民的愛戴，因此又被稱為「奧匈帝國的國父」。

雷謝夫斯基花園相提並論？那裡的百年老樹上，裂開的樹幹縫隙中藏著令人垂涎的昆蟲。這個公園可能是多達五種不同的啄木鳥家庭的家。也許這些敘利亞啄木鳥很感激這些將在這裡度過餘生的李子樹、櫻桃樹以及部分腐爛的白楊木？

去年春天敘利亞啄木鳥不知為何消失不見。牠們就這樣停止在乾枯的樹枝上敲打，不再從牠們最喜愛的李子樹樹冠上呼喚。跟八哥大小差不多的小斑啄木鳥倒是出現了。牠們花了好幾天的工夫，勤奮地在一個切斷的柳樹樹幹上挖洞。這絕對是一件苦差事，因為牠們滿嘴都是木屑。當這個洞最後終於完工時，只見一隻大斑啄木鳥二話不說，毫不客氣地趕走牠的親戚。小斑啄木鳥試著嚇跑這個老大哥，竭盡所能，拉開嗓門，大聲的叫，但這隻大鳥完全不予理會，立即進行自己的工作。牠把洞穴加大、加深，幾天過後，牠的伴侶在這裡下了幾顆蛋。

什琴希利維當然也有屬於自己的城市傳說。這是一個關於城市郊區突然受到青睞，於是宣稱自己也是城市一分子的民間傳說。在這座公園裡，傳統上被稱為「黏土坑」，兩種文化緊咬彼此，互不相讓。那位老釣客身上散發著無政府主義者的氣質，無視在公共場所禁止飲酒的規定。他們是健談的人，樂於分享水池池底的祕密故事。事實上，每隔幾

年就會有屍體被打撈上岸。十幾年前，我曾看過幾個蠻勇的人，在陰天時從高處跳進深不見底的水裡。許多人的頸子因撞到堅硬的底部而折斷。諾瓦科斯基曾經寫道，這些黏土坑見證了各式各樣的啟蒙活動。

這個公園也有自己的傳奇人物。比如，公園管理處處長喜歡在夏天裡躺在躺椅上曬太陽，也從來不會拒酒於外。他跟每個人打招呼。羅伯托（Roberto）也是，在五月中時他的皮膚就已經曬得跟希雷夏（Silesia）[5]的磚塊一樣深了。羅伯托喜歡談論有關小鳥的事。他曾經跟我透露他在水池上發現一隻翠鳥的訊息，他還正確地觀察到歐歌鶇會歪著頭傾聽，並抓到躲在草叢中的昆蟲。在池邊靜靜坐著有一種冥想的氣氛。釣客和常客認識許多這裡的動物以及牠們的生活習性。

從跑步者身上也可以見證大城市的文化。但是這種族群同中有異，各有各的特色。有些人戴著耳機，像機器人一樣繞著公園跑了十幾圈，一點也沒有喘不過氣來的樣子。另外也有一些跑得上氣不接下氣的人，在聽到手機傳來「訓練完成」的人工說話聲時，大大地鬆了一口氣。除此之外，還有一些正常的普通人：正在沉思的、快樂的、悲傷的。我想我從來沒有獨自一人在公園過。總是有人在跑步或在釣魚。

5　希雷夏，位於中歐的一個歷史地區，大部分領土屬於波蘭，位於該國中西南部，深紅色的石磚是該地區的建築特色。

起床並不是件容易的事，因此春天總是心不甘情不願地慢慢甦醒。它睜開一隻眼睛，然後又閉上。寒霜先是融化一些，但很快地又重回寒冬的懷抱。水坑現在融化了，現在又蓋上一層薄霜。直到二月底，我終於看到雲雀飛往高處，聽到牠們發出的刺耳叫聲。最早在三月初，八哥也開始嘰嘰喳喳叫個不停。但是，要等到海鷗的到來才能正式宣布冬天已經結束，牠們在月中就會消失蹤影。不久之後，斑尾林鴿也再度歸來，公園立刻充滿牠們粗啞的咕咕聲，並隨即動手編築像鬆餅那樣平的粗糙鳥巢。山雀也開始宣布自己的領域，同一時間嘰喳柳鶯也正發出響亮的嘰喳聲，大聲數數。注重實用性的德國人根據牠們的叫聲，將牠們取名為「嘰喳」。四月初時，白色的櫻花開始綻放。短短幾天的時間，地面上全是白色的花瓣。

　　春天代表著匆忙與驚喜。誰又料想得到，會有兩隻膽怯的灰雁突然降落在城市中某個被住宅區圍繞的小湖上？牠們不安地拉長自己的脖子，並在湖上整整漂了一個鐘頭？四月份時，新鮮明亮的小芽從去年殘留下來、毫無生氣的黏土中冒出頭來。黃色的連翹花很快就會綻放，接著蘋果樹也會開始開花。到了四月中時，公園的第一個歌手黑頂林鶯即將歸來，牠們將以一首輕柔的短曲拉開序幕，彷彿為了即將上場的盛大演出做暖身。再過不久，身體嬌小，一身黃色羽毛的林鶯也會抵達公園，

牠們尖銳的叫聲聽起來像極了錢幣在大理石桌上滾動的聲音。

這是一場競賽。不但要跟時間賽跑，還要彼此競爭，爭奪築巢的最佳位置。不過倒也不需要太挑剔——一根籬笆柱、大門門栓、或是某支搖搖欲墜的混凝土路燈柱內也可以。一棵大白楊木上的長裂縫裡躲著一隻三趾旋木雀，牠看起來像隻棕色的小老鼠，除了有著彎曲的長嘴喙，長相一點也不起眼。如果今天某個英國人跟我一起散步的話，那他大概會開心得不得了，因為這種鳥在英國非常罕見。五月份代表著一隻隻幼鳥從樹枝上、長椅上、草皮上無助地叫喊著自己的父母。還有一堆的鳥屍，畢竟大自然是相當殘酷的，即使在這個適合全家出遊的美麗公園裡，也沒有身體殘弱的幼鳥可以生存下來的空間。六月散發著刺鼻的伏牛花味。

我在偶然間發現牠。那是一個炎熱的六月傍晚，在談話中，我突然聽到蘆葦叢中傳來一個陌生聲音。就在那一刻，所有的事物都退居到背影之中。我無法忽視一個沒聽過的叫聲。我躡手躡腳走向蘆葦叢，但是那隻鳥還是感覺到了我的動靜。牠先是安靜了一會兒，接著繼續重複發出「吼，吼」的叫聲，像是遠處傳來的狗吠聲一樣。為了保險起見，我將聲音錄下來，不過心中倒是已經有了可能的人選。那或許是一隻小

葦鳽，一隻害羞的鷺科，大小跟鴿子一樣大，牠在蘆葦桿中輕巧自如地走動著。體態輕盈、動作敏捷，在赭色羽毛的偽裝下，牠幾乎與蘆葦叢合為一體，難以辨識。

隔天一早的第一件事就是回到原來的地方。我靠在木墩上，用雙筒望遠鏡看著蘆葦叢。我非常幸運。不到一會兒，有隻長嘴喙的小鳥緊張兮兮地探出頭來，感覺有人正在觀察自己，連忙往後退到蘆葦叢中。現在一切都很清楚。當牠飛過湖面上時，我們很容易就會錯過這個不起眼的身影。這隻小葦鳽低空飛過湖面。牠拍動翅膀的樣子有點像烏鴉。但是牠翅膀上那明亮、充滿光澤的斑紋馬上就顯露出自己的與眾不同。牠坐著，迅速環視四周，接著便消失在綠葉之中。或者牠伸直身體，假裝自己是隨風搖動的一支蘆葦草。我不時地看到牠靜靜地站在水邊，期望能抓到某隻經過的魚。牠一動也不動地站在原地，全神貫注在獵物身上，看起來就像是被人放在那裡，最後卻忘了牠似的。

牠們的數量越來越少了——在整個波蘭僅剩七百對。美洲水鼬占據牠們築在野生池塘旁的巢穴，這就是為什麼有越來越多的葦鳽往城市遷移的原因。但是，隔年春天，這隻小葦鳽讓我等了非常久的一段時間。我幾乎要放棄希望，畢竟我很清楚從非洲飛回來的路上牠會遇到多少的危險。天氣的改變、掠食者，以及獵人。最後在五月十六日，我終於從山坡上看到蘆葦叢中出現了動靜。不過也有可能是隻白冠雞，或是這幾天一直出現在附近，不停啼叫的大葦鶯。片刻寧靜。接著其中一支蘆葦

桿在某個生物的重量下明顯變得彎曲。很快地，一隻奶油色和藍色的美麗雄鳥爬到蘆葦桿的最頂端，後面跟著一隻全身保護色的雌鳥。牠們輕巧地離開牠們的棲息地，靜靜地飛到湖的另一側。

我喜歡這座公園，但不包括夏天的時候。我早就過了學童熱愛暑假假期的年紀。夏天時，我在這裡沒有什麼事情好做。在六月份，小鳥幾乎停止歌唱，並隱藏在濃密的樹葉之中。青綠草皮變成一片被陽光曬傷的非洲大草原，綠葉一天天逐漸變深，不再是鮮嫩飽滿。到了八月底，白樺樹的枯樹葉變得跟硬紙一樣乾，並且沙沙作響。露天游泳池喧囂不停，吵鬧聲甚至蓋過馬路上的車輛噪音。數以百計的人像保護區的企鵝一樣擠在一起，激烈地爭奪一塊小到不能再小的草皮。

悶熱、死氣沉沉、不流通的空氣，還有那一大早就炙熱不已的陽光。從黎明時分開始，充氣的鱷魚泳圈、躺椅、身上裹著浴巾的裸體女子。一個個脫光上衣的男人。令人倒胃口的裸體和不平的刺青，全都一覽無遺。手機放送的音樂聲。泡在水裡沖涼的老年人看起來就像身體過重的河馬。半裸的老太太享受陽光浴。緊守火熱烤肉架的人。每一處灌木叢後傳出的尿騷味。還有滿地的垃圾。瓶瓶罐罐和鋁箔包裝莊嚴地在湖面上漂浮著。玻璃酒瓶害羞地從蘆葦叢中探出頭來。

J和我到達那裡的時候已經是半夜了。乍看之下，這個地方似乎有點無趣。就在華沙西站外，錯綜複雜的鐵軌和雜亂的灌木叢。距離公園不到兩英里的地方，長滿幾乎跟人一樣高的野草和薊叢。就在這個遊民生活睡覺，瀰漫惡臭味的鐵路旁，某種長相不起眼的小鳥在往北方飛行的途中，決定在這裡稍作停留。一個來自斯塞新（Szczecin）[6]的鳥人，他在附近的波蘭鐵路局大樓工作。工作到三更半夜，疲憊不已，於是他決定休息一下。在他打開窗戶的當下，就在一片寂靜中，他聽到了一個意想不到的聲音。

　　「啼囉囉囉－唧－唧」：布萊氏葦鶯正在演唱牠們的招牌歌曲。即使是在這裡，全世界最醜陋的地方，也可能會發現有趣的事。布萊氏葦鶯是一種特別隱密的鳥類，牠們幾乎只會在夜間鳴叫。因此，人們往往只會聽到牠們，而不是看見牠們。此外，在白天的時候，也很容易把牠們和另一種更常見的葦鶯科鳥類混淆。每一年有多少的布萊氏葦鶯飛過波蘭而沒被注意到？沒有人知道答案。不管怎樣，為了這種喜歡岩石環境的鳥類，我們還是得沿著鐵路路堤走上好長的一段路。文化宮正從遠處透過它的白色大鐘注視著我們。火車就在不遠處嘎嘎作響，當車輪的隆隆聲漸漸遠離時，在一處隱密的灌木叢裡傳來「啼囉囉囉－唧－唧」。

在波蘭第一個（到目前為止，也是唯一的一個）布萊氏葦鶯的築巢紀錄，發生在二〇一一年東北部的波德拉謝省（Podlasie），牠們在遷徙途中，喜歡在這裡稍作停留。我走向灌木叢，用手電筒朝裡面照，雖然小鳥可能只離我幾公尺遠而已，但我只看到樹葉和牠們怪異的影子。布萊氏葦鶯並沒有停止歌唱。突然之間，一個小身影從一支樹枝上跳到另一支上。過了一會兒，歌聲從另一處灌木叢中傳了出來。從波羅的海國家到遙遠的西伯利亞，布萊氏葦鶯最喜歡棲息在有垂柳叢的潮溼草地上。很明顯的，牠們特別喜愛波德拉謝省這個地方。事實上，有越來越多來自東方的鳥類經常在波蘭出現。據說牠們正逐漸在擴張，但對於這類的擴張，我想我們一點問題也沒有。

就在布萊氏葦鶯的旁邊，另外有兩隻小鳥正不停地在播放牠們的歌聲。牠們是布萊氏葦鶯的近親——溼地葦鶯，可能是目前科學所知最狂熱的鳥類模仿者。牠們可以連續數個小時瘋狂地即興演唱，循環播放同樣的旋律，突然改變速度和節奏。根據法蘭西娃·道塞特－勒梅爾

6　斯塞新，位於波蘭西北部，是該國第二大海港城市。

（Françoise Dowsett-Lemaire）的相關研究，溼地葦鶯並沒有屬於自己的獨特歌曲。牠們利用聽來的歌曲，重新製作成精彩的混搭音樂。大衛‧羅森柏格（David Rothenberg）[7] 曾經在他的《鳥為什麼鳴唱》（*Why Birds Sing*）一書中提到，溼地葦鶯簡直是個技巧高超的 DJ。我聆聽這瘋狂的歌曲大混音。我聽到：家燕，無法辨識的啼囀聲，歐金翅雀，神祕的劈啪聲，還有聽起來像 MIDI 混合器的音樂。這些陌生的聲音可能是幼鳥在東非的第一個冬天所聽到的聲音。這些歌曲聽起來全都很不錯，但是雌鳥似乎是根據領域的大小來決定自己的伴侶。所以這是關於什麼？為什麼小鳥要唱歌？

當然原因有很多。首先最重要的是，雄鳥用歌聲吸引異性，並透過歌唱宣告自己的地盤。一年四季都能聽到鳥類透過歌聲宣布：「我在這裡。」另外還有一種共通的警告語言。森林中的所有動物都能理解一隻受驚松鴉的刺耳叫聲。小鳥總是能唱出一首好歌，羅森柏格寫道。人類才是不斷改變品味的人。一七一七年，《鳥迷的喜悅》（*The Bird Fancyer's Delight*）[8] 出版，這是一個由鳥迷為他們飼養的金絲雀和虎皮鸚鵡演奏的歌曲集。這個歌曲集的構想是「教牠們唱歌」，說服小鳥放棄自己的口哨聲和吱喳叫，改唱人類的一些傳統旋律。此外，羅森柏格指出今天我們對不和諧的音樂已經有不同的看法，現在我們很習慣自由爵士、十二音階和刷碟[9] 等音樂。

一九二〇年代，英國大提琴家碧翠斯‧哈里森（Beatrice Harrison）搬

到鄉下，並開始在晚上到戶外練琴。她注意到當地的夜鶯會羞怯地加入她的演奏。過了一會兒，只要她開始演奏，就可以聽到牠們用宏亮的聲音歌唱。在一九二四年，經過大力的說服後，當時英國廣播公司台長里斯勳爵（Lord Reith）終於同意現場直播第一場戶外錄製的音樂會。工作人員在灌木叢前架起麥克風，同時哈里森身穿晚禮服開始演奏。究竟是夜鶯臨時怯場，或是牠們不喜歡這些曲目，或也有可能是技術人員把牠們嚇跑——總而言之，哈里森整整獨自演奏了一個小時的大提琴。眼看就要失敗了。

在廣播結束前的十五分鐘，一隻夜鶯終於加入德弗札克（Dvořák）的〈我母親教我的歌〉（*Songs My Mother Taught Me*）[10]。對於這個不尋常的故事，羅森柏格持保留態度。聽眾所聽到的難道不是幼稚的擬人化，或渴望聆聽的音樂其實只是普通的聲音？或許夜鶯只不過是企圖想要掩蓋大提琴的聲音？不論事實為何，這次的廣播相當的成功，光是哈里森本人就收

7　大衛‧羅森柏格（1962-），美國紐澤西理工學院（New Jersey Institute of Technology）哲學和音樂教授，也是一位作曲家，擅長以動物的聲音製作成音樂。

8　《鳥迷的喜悅》，一七一七年由理查‧梅爾斯（Richard Meares）和約翰‧沃爾許（John Walsh, 1665或 1666-1736）共同出版的歌曲集，每首曲子都以一隻特定的鳥命名，並用來教該隻鳥唱歌。

9　「刷碟」（Scratching），是指 DJ 不斷的來回刷動唱盤上的黑膠，配合節拍發出聲音的技術。

10　安東寧‧利奧波德‧德弗札克（1841-1904），捷克國民樂派作曲家。〈我母親教我的歌〉是一八八〇年德弗札克所創作的歌曲集《吉普賽歌曲》中的其中一首。

到了五萬封的祝賀信（！）。接下來的十二年，大提琴和夜鶯的二重奏成為每年固定直播的音樂會。後來，這位飛行演唱家還進行獨奏演出，直到一九四二年，廣播節目中出現節節逼近的炸彈轟炸聲才結束。節目製作人不想傳播恐慌，因此中斷廣播。

　　羅森柏格的精彩故事已經說得更多了，繼續重複已經沒有意義。我只想再簡單說一下另一個關於音樂神童莫札特（Wolfgang Amadeus Mozart）的有趣故事。根據他的開支日誌記載，這位作曲家在一七八四年五月二十七日購買了一隻八哥——但並不是因為他對鳥特別感興趣。這隻八哥居然會唱他的〈G 大調鋼琴協奏曲〉（*Piano Concerto in G Major*）！莫札特是在同年的四月十二日完成這首曲子的，還沒有在其他地方演出過，這隻八哥為什麼已經會唱了？我們幾乎可以排除這純粹只是一個巧合的可能性。莫札特有一個眾所皆知的習慣，他喜歡在公開場合吹口哨，也許就是這樣曲子才傳到八哥的耳中。另外值得一提的是，這隻八哥並沒有照單全收，牠把原本的 G 大調改成升 G 大調。根據羅森柏格的評論，這個新改變可是領先當時的時代。

krzyżówka
綠頭鴨

　　秋天是樹葉在陽光中顏色變深的季節。十月份時，五顏六色的落葉在林蔭大道上沙沙作響。溫暖的陽光。涼爽的清晨。暮色很快就會降臨。原本棲息在郊區池塘，受到獵人驚嚇現在逃到黏土水池裡，迷失方向的鴨子。鳳頭潛鴨黃色的眼睛不安地環顧四周，儘管如此，牠們還是會在這裡停留幾個小時。牠們從來沒有爬到岸上。不過倒不是因為牠們覺得城市不安全。實際上，鳳頭潛鴨是一種潛水鴨，所以牠們無法像綠頭鴨那樣跟在公園遊客的後面走。牠們可以潛入十公尺深的水中覓食，但只會腹部蹭著地面笨拙地行走。

　　到了九月份，過境時節總算真正展開。不過地面上熙熙攘攘的城市似乎沒注意到候鳥的行蹤。在夜裡可以清楚聽到野雁呼叫彼此的聲音。一大清早，一群灰鶴飛過天空，但是街道上的車輛喧囂掩蓋了牠們刺耳的叫聲。接近正午時，有著十字條紋的黑色鳶鷹在高空上盤旋。傍晚時分，天色漸漸變暗，這時蘆葦叢隨著口哨聲和嘰嘰喳喳的合唱而變得生機勃勃。在白天時，八哥占據了城市郊區的田野，但是到了夜晚，牠們就會成群結隊地來到公園。龐大的鳥群在行人臉上留下驚訝和不安的表情。越來越多的小鳥聚集，彷彿正在討論一個重大決定似的。黃昏前的一小時，鳥群展開牠們的盛大演出。

　　有時候飛向附近的停車場的上空，有時候則在長滿蘆葦叢的黏土坑上的空中。數百隻的小鳥，分成好幾群飛向高空。球體隊形的鳥群在飛行中先是合併一起，突然又迅速改變方向，接著形成一個意想不到的新

隊形。然後牠們再度聚集，緊密地靠在一起，牠們變成一個單獨的黑色物體。當牠們飛近時，可以清楚聽到成千上百雙的翅膀拍動聲和數以萬計的羽毛所發出的嗖嗖聲。過了一會兒，牠們分裂成一個黑色的長舌頭，接著立刻散開形成無數的黑色小點。這一大鳥群隨時在空中變換隊形，牠們像是脫韁野馬似的，一直喧鬧到夜晚降臨才安靜下來。牠們既精準又整齊劃一的動作令人感到驚訝不已——彷彿有一個單一的集體意識正控制牠們似的。同樣的表演會連續上演數個晚上。

深秋，在水面結成薄冰前，出現了一隻加拿大雁。牠相當謹慎，只要看見一隻狗出現就會莊嚴地游開。牠看起來有點像獨行俠——一隻體型龐大的雁子身旁圍繞著鴨子和白冠雞。顧名思義，牠來自另一個大陸。起初牠被帶到英國點綴當地的公園。一種大型、令人印象深刻的黑頸子和白臉頰，威風地漂在湖面上，牠們和優雅的白天鵝簡直是絕配。問題是，很快地加拿大雁就對漂流生活感到厭倦。牠們展開大量繁衍，開始開拓新的殖民地。

　　該拿牠們怎麼辦？生態系統是一個精確的機制。每一種生物都有自己獨特的角色和任務。在這樣的機制裡，並不存在真正的空缺。一個具侵略性的新住民可能會對當地不夠堅強的原生物種構成威脅——特別是

對那些只吃同一個食物，總是棲息在相同環境裡的生物。那些被愛鳥人士「放生」的麻雀就是其中一個例子。一切都要歸功於人類，這種戀家的小鳥幾乎征服了整個世界。在新的環境中，牠們用強而有力的嘴喙趕走其他比較嬌弱的競爭者。順便一提地，八哥的行為舉止也非常粗魯。

　　一個牽著迷你鬥牛犬，留著一頭金髮，身材矮小的女士告訴我，這隻加拿大雁是由當地一個開發者引進的，為了讓附近的一個池塘看起來更漂亮一些。但是加拿大雁厭倦了那個地方，加上沒有定時餵養牠，最後牠失去耐心，移居到我們的這個小池塘裡。這隻大雁在這裡造成不小的轟動。人們只要一看見牠，就會馬上拿出手機拍照。一邊皺著眉專注看著手機，一邊在觸控螢幕上選擇喜歡的邊框，並將鏡頭放大。之後他們還會對這隻偶遇的大鳥感興趣嗎？他們還會在成千上萬張早餐、孩子和假期的照片中尋找一張雁子的照片嗎？

Dwanaście srok
za ogon

11

The Falcon Man
遊隼男人

「我尋找的第一隻鳥是一隻在山谷中築巢的夜鷹。」

照片上，一個戴著眼鏡，圓臉，若有所思的男人。厚厚的鏡片，高高的額頭，一隻手托著下巴。一個神情憂鬱的老人。他看起來有點像無

尾熊。直到最近,我們對約翰‧亞雷克‧貝克(John Alec Baker)所知仍然相當的少。我們甚至也不確定他的中間名是什麼,因為他只使用名字的第一個字母。安靜、謙虛,他的生活不為人所知。在他出版的第一本書書封上,簡短的生平介紹寫著他和妻子住在艾塞克斯郡(Essex)[1],他沒有電話,也不喜歡社交場合。十七歲那年他離開學校,他換過許多不同的工作,做過砍樹的工作,也曾在大英圖書館做過事。他在四十一歲時,出版了自己的第一本書:《遊隼》(*The Peregrine*)。

直到最近才出現一些關於他的新資料,稍稍彌補他那平淡的傳記。他畢業於家鄉切姆斯福德(Chelmsford)[2]那所著名的愛德華國王六世文法高中(King Edward VI Grammar School)。他的同學回憶道,儘管他的視力不好,但他卻是一名相當不錯的板球球員。他從小就患有風溼病,身體一直很不好,因此常常請假。他讀了許多的書:地理、巴勃羅‧聶魯達(Pablo Neruda)[3]、歌劇史、泰德‧休斯(Ted Hughes)[4]。他一生有大半的時間都在汽車工會工作,但有趣的是,他根本沒有汽車駕照。有時候小他九歲

---

1 艾塞克斯郡,位於英格蘭東部。
2 切姆斯福德,艾塞克斯郡的首府。
3 巴勃羅‧聶魯達(1904-1973),著名的智利詩人,一九七一年獲得諾貝爾文學獎的殊榮。
4 泰德‧休斯(1930-1998),英國詩人和兒童文學作家,有英國「桂冠詩人」的美名。

rudzik
歐亞鴝

的太太朵琳（Doreen）會載他一程。他很晚才愛上小鳥，但那注定是一場
熱烈的愛。

　　他靠步行或腳踏車四處走動。十年來，他一直在為自己的第一本書
蒐集素材。他在書中將十年壓縮成六個月。這是一本記錄十月到隔年四
月的鳥類日誌。他對結果並不滿意，在遞交手稿給出版社之前，他總共
重寫了五次。《遊隼》被公認為是一本文學傑作，作者還以此獲得了著
名的「達夫・庫柏文學獎」（Duff Cooper Prize）[5]。我對這本書的豐富性感
到十分震撼——貝克以一種令人讚嘆的方式跨越語言規範的界線，堪稱
自然寫作的大師。單以語言來說，名詞變成動詞，形容詞蛻變成動詞，
每一個短語充滿深思熟慮後的精心節奏。句子可以分裂成行，散文也能
成為一首長詩。

　　二〇〇五年，《遊隼》重新登上《紐約書評》的〈經典系列〉。在
他的序言中，羅伯特・麥克法蘭（Robert Macfarlane）[6]稱這本書是「不可
否認的傑作」。想到自己對書中敘述的許多事情完全不了解，我就感到
無比的沮喪。「我如雨燕般穿過萊斯特郡的綠光迅速向下俯衝。」我無
法用波蘭文表達這個句子，但我感覺它比我知道的還要美，聽起來就像
音樂。我喜歡大膽的隱喻和自由的聯合感覺（Synaesthesia）。貝克告訴我

們去聞聲音，看味道。我們必須透過一個感覺去捕捉另一個感覺。他有無盡的想像力。我從來就不知道可以用這樣的方式書寫大自然。

切姆斯福德距倫敦只有半小時的火車車程，既不是破敗的郊區，也不是令人反感的公寓大樓。這裡並不屬於郊外住宅區，但是卻顯得有些冷清。這裡的居民似乎很享受這種寧靜，不過距離首都這麼近，倒也不令人感到沮喪。切姆斯福德唯一吸引人的地方是擁有全英格蘭最小的教堂，對於這個事實居民也不是太在意。這裡的一切都很人性化，就像過去一樣。一個由包著頭巾的紳士所經營的雜貨亭裡，我在小小的雜誌區還找到兩本賞鳥雜誌。色彩豐富、印刷精美，就像生活雜誌月刊一樣。非常有趣。

聖約翰教堂（St John's Church）前的榆樹上，有一小群太平鳥正嘰嘰喳喳叫個不停。從早上開始天氣就一直陰沉沉的，但是芬奇利大

5　「達夫‧庫柏文學獎」，一九五六年為了紀念英國政治家和外交官達夫‧庫柏所設立的一個文學獎。貝克於一九六七年獲得此獎的殊榮。
6　羅伯特‧麥克法蘭（1976-），英國自然寫作作家和教授。

道（Finchley）卻是陽光普照，明亮的獨棟房屋座落在街道上。貝克在二十八號長大。一個年輕女子出來應門。我看見她眼中露出的遲疑，因為情況有些奇怪。兩個波蘭人上門詢問有關某個曾經住在她房子裡的作家。對話在門口進行：她什麼都不知道，她從來沒聽過這個人。一隻鴿子拍著翅膀從屋頂往空中飛。從房子另一側的窗戶可以眺望公園。這是一個十分安靜的地方，當我們在半個小時後，再度回到榆樹路和穆爾沙姆街的街角處時，同一隻歐金翅雀仍然還在樹梢上唱歌。或者那是牠的分身？貝克會如何傳達這個聲音？一首沒有任何旋律，嘰嘰喳喳的活潑曲子。在春天的各種吵鬧聲中，這是一個容易被忽視的聲音。我實在很羨慕貝克。我無法超脫陳腔濫調，也無法超越那些再明顯不過的聯想。或者，以夜鷹為例：當我想到牠那單調的歌曲時，我所能想得到的只有身處在核磁共振掃描室裡頭的感覺，而貝克的描述則純粹是首詩。

　　「它的歌聲就像一股紅色酒流從高處一傾而下，在酒桶裡發出低沉且洪亮的迴音。這是一種充滿香氣的聲音，這是晴空中的一束鮮花。在白天刺眼的陽光下，它似乎顯得更加輕薄且內斂，但是黃昏的餘暉將賦予它柔和且醇厚的佳釀氣息。」

這種語言的巧妙之美是無庸置疑的，然而貝克卻因此被指控虛構故事。沒有人親眼目睹作家的觀鳥活動。有人認為他看到的其實是人工飼養的小鳥，並非是飛到艾塞克斯郡過冬的野生遊隼。在一九六〇年代，這樣的小鳥仍然非常罕見。而且在這個非常熱衷觀鳥的國家，應該還會有其他人也發現到這種鳥類。也有人懷疑貝克是把體型較小、在英國鄉間非常常見的紅隼，錯看成是遊隼了。遊隼會在獵物上方盤旋，或穿越田地捕捉從犁上掉落的昆蟲？在此之前從來沒有人見過這種事。為什麼會出現那麼多遭到遊隼捕捉的獵物屍體？在貝克的書中總共有超過六百個。任何到過田野觀察鳥類的人都知道，被開腸剖肚的獵物並不常見。這本書的價值會因此而遭到貶低嗎？從科學角度來看，答案是可能的。但是，《遊隼》畢竟是一種對文學癡迷的證明。

　　「隨著太陽漸漸下山，鳥兒的霹靂叫聲也越來越響亮。站在橡樹與樺樹林中，我看到一隻遊隼的黑色新月形翅膀迅速穿越樹林，平穩地飛到山谷的綠色斜坡上。田鷸飛向樹林。有幾隻飛進蕨類植物中，像是從樹上掉落的橡果子。」

《遊隼》獲得熱烈迴響之後，貝克和妻子便搬到馬爾布羅路上，並在那裡度過餘生。我們敲了敲門，開門的是布萊恩‧克拉克（Byran Clark），他戴著領結、穿著鋪棉室內拖鞋，是個開朗的男人。他是個有趣的人。他是一名專攻礦業的記者。他的用字遣詞十分特別，我不是每次都很明白他的意思。他現在正在忙，沒辦法邀請我們入內。不過他告訴我們，他認識一個娶了他表妹，名叫皮斯庫佩先生（Biskupek）的波蘭人。他還跟我們解釋，克拉克家族是跟英國前首相大衛‧卡麥隆（David Cameron）來自同一個家族。大雪已經下了好一陣子。但是，克拉克先生不疾不徐地講完故事，接著冷靜地宣布：「是我搞錯了，還是現在真的下起雪來了？」他從來沒見過貝克，不過聽朋友講過，他是個害羞的人，個性有點孤僻。

　　我們到隔壁鄰居家拜訪，巴特勒夫婦住在貝克家隔壁二十年。他們請我們在沙發上坐，並用「兵工廠」足球隊（Arsenal）球迷馬克杯招待我們喝咖啡。貝克是個什麼樣的人？「非常奇怪，」巴特勒夫人拖長聲音說，並明顯地挑起眉毛。他只愛鳥。他和太太朵琳處得不好──太太參加合唱團，喜歡和人相處，但他卻個性封閉又孤僻。巴特勒還記得，有一次貝克先生看見在屋後的舊墓園裡，有個男子正用空氣槍射鳥。這

個患有關節炎，嚴重腰痠背痛，個性內向的怪人勃然大怒，居然一躍就跳過圍籬追了上去。嚇得那個槍手拔腿就跑。

墓園就在克拉克先生和巴特勒夫婦的房子後方。大部分的墓碑都屬於上個世紀初的哥德式風格。房地產經紀人阿爾弗雷德・達比（Alfred Darby）葬在這裡，謙虛的茹絲，只是「上面逝者的妹妹」。散落一地的鴿子羽毛——某些捕食者狩獵盛宴後的殘羹剩飯——還有一隻過度興奮的歐亞鴝，上氣不接下氣地唱著歌。我向前走兩步，牠停止歌唱，蹲下來緊張地看著我，不過又接著馬上繼續唱歌。我靠牠如此的近，只要一伸手就能抓住牠，但牠卻一點也不在乎。我不是隻歐亞鴝，我不在牠的考慮名單上。現在牠正全心全意尋找女伴，捍衛自己的地盤。這可不是開玩笑的事。歐亞鴝看起來可能很溫和，但是必要時也會為了爭奪花園裡的地盤而與其他鳥類展開大廝殺。網路上充斥著一堆關於如何處理一隻停在汽車擋風玻璃上，瘋狂攻擊自己倒影的問題。

「在小鳥的眼中，只存在兩種鳥類：同類和敵類。沒有其他的種類。其他的只是沒有殺傷力的東西，比如石頭、或樹木、或死掉的人類。」

11

貝克冥想。他的筆記有一種令人安心的順序，一種像咒語一樣反覆出現的節奏。甦醒。遊隼飛到最近的溪流，沐浴、擦乾、整理羽毛。打盹。然後飛到天空上，盤旋，加快速度，玩耍，假裝攻擊嚇唬其他鳥兒。牠捕獵，接著吃掉獵物。歇息。在附近巡邏。尋找過夜的地方。睡覺。有時候甚至行動更少。貝克發現被咬爛的鴿子屍體。海鷗的殘骸。剛死掉，還溫暖的屍體，或是死了很久，早就變得又乾又僵硬的殘骸。什麼事也沒發生。馬克・科克（Marc Cocker）[7] 在序言中寫到，貝克是「空無與停滯的大師」。他的寫作與專注於動作畫面的電視影像截然不同。他的文字是對靜止與耐心的歌頌。「沒有發生什麼事，」貝克知道如何寫作。

　　早春已經降臨切爾默河（Chelmer River），就像流經華沙附近的思維

7　馬克・科克（1959-），英國作家和博物學家。

德河（Świder）一樣。乾枯的野草梗在仍舊酷寒卻明亮的冬日陽光照射下，閃耀著白光。天空時不時就會降下一場大雨，天空籠罩著灰濛濛的烏雲。一陣強風與一道彩虹。兔子蹲在房子大門附近的草地上。只有在最後一刻，牠們才會一躍而起，緩慢地跳走。在波蘭總是既神祕又膽怯的紅冠水雞正在水邊滑水。一陣冷風吹過，我很慶幸自己沒有風溼病。城外就是一片片的田野。小辮鴴以驚人的速度追逐彼此。成群的歐歌鶇在牧場上跳耀著。我仔細觀看：田鶇、白眉歌鶇、歐歌鶇。英國國土鄰海，每一年在這裡都會發現因為暴風雨而脫離飛行路線的美洲鳥類。

　　一個長著長尾巴的白色棉球在河邊的灌木叢中跳躍著。這是銀喉長尾山雀的英國長尾山雀亞種，頭部比在波蘭的更黑。我抬頭仰望天空，希望貝克的遊隼會飛過身邊，但是唯一的掠食者是一隻紅隼，看起來就像孩子的風箏般，在風中翩翩起舞。一隻英姿煥發，有著藍色頭部的雄鳥正尋找躲在去年乾草中的獵物。牠先是在空中停留片刻，快速拍動翅膀，接著朝地面向下俯衝。一隻白色的鶺鴒昂首闊步地走在泥地上——事實上，這是一隻花斑鶺鴒，本地特有的白面黑背亞種，不像在波蘭的是有灰色的背部。追逐彼此的翠鳥為單調的早春抹上一道翡翠綠的條紋。一隻灰背鶺鴒沿著水閘附近的岩石拍翅輕跑——儘管牠的波蘭文名稱是「山鶺鴒」，不過在山谷中也可以看到牠的身影。牠不停地搖擺著自己那美麗的長尾巴，就像走在鋼絲上的表演者那樣時時保持身體平衡。我到達貝克經常經過的第一個水閘。

艾塞克斯平坦又無樹的景觀，在貝克的眼中是一個神祕、近乎神話般的地方。南樹林、北樹林、河流淺灘。有些地方可以辨識出來。一個兩百公呎高的煙囪，或站著一隻鶇鶇的木製教堂尖塔。一片沒有熟悉地名的不知名土地。在書中重複出現，平凡的英國鄉間風景，對他來說卻充滿異國風情。貝克沒有提到任何人。他躲避人類，全心貫注在遊隼身上。他努力爭取遊隼的認同，一心想博取牠們的歡心。他總是穿著同樣的衣服，一舉一動都非常的小心謹慎，因為遊隼恐懼難以預測的事物。他欣賞牠們黑色的鐮刀輪廓，陶醉在無數鳥兒驚慌失措飛離的死亡的景象之中。他一天天逼近，他無法控制自己。他不想，也做不到。

　　在《遊隼》大獲成功之後，貝克辭掉原來的工作，開始投入創作《夏日之丘》（*The Hill of Summer*），這是一本關於英國春天的詩意故事。隨著風溼病的惡化，更增加他對人的厭惡。他使用越來越強的藥物，最後導致罹患癌症。貝克無法再獨自外出，完全倚靠自己的妻子，性格變得更加令人難以忍受。他拒絕讓太太邀請客人到家，並要求親戚要先事

先通知才能到家中來。朵琳一直陪伴他到最後。他在一九八七年十二月二十六日去世，遺體火化後，就埋在切姆斯福德郡。不久之後，他的妻子便搬到附近的城鎮。

　　在刺眼的陽光下，我繞著墓地走來走去，但我沒有找到他的墳墓。在樹林某處，一隻綠色的啄木鳥看著我，牠的臉上掛著一抹惡毒的笑容。

鳥兒在唱歌
——生活與藝術中的鳥和人

Dwanaście srok
za ogon

François Mitterrand's Last Supper

最後的晚餐
——弗朗索瓦‧密特朗[1]

---

1 弗朗索瓦‧密特朗（François Mitterand, 1916-1996），一九八一至一九九五年擔任法國總統，是法國任期最長的總統。在他去世前不久，他和家人與密友一起吃了一場「最後的晚餐」，此舉引起極大的爭議，因為晚餐包括受保育類鳥類圃鵐，至今在法國這種鳥類的銷售仍是違法的。

她的名字叫瑪莎（Martha），死時二十九歲。一九四四年十一月一日她在辛辛那提動物園（Cincinnati Zoo）去逝。她是同類中的最後一隻，最後一隻旅鴿。她沒有留下任何後代。一百年前，旅鴿可能是地球上數量最多的一種鳥類。十九世紀初期，美國鳥類學之父亞歷山大·威爾森（Alexander Wilson）[2] 宣稱自己曾經看過超過二十億隻的旅鴿群。在一八七一年，有超過一億隻旅鴿在威斯康辛州的斯巴達（Sparta, Wisconsin）附近的森林裡築巢。旅鴿的消失是人類破壞活動中最動人的其中一個例子。

　　「想像有一千台的脫粒機正同時全速運行中，汽船奮力鳴笛，貨運火車從橋上轟隆疾駛而過：把所有的這些喧鬧聲集合一起，或許你就能夠想像出那種震耳欲聾的刺耳轟鳴聲，」《豐迪拉克聯邦記者日報》（Fond du Lac Commonwealth Reporter）的記者如此描述數百萬隻的鴿子同時拍動翅膀的聲音。數量如此眾多的鴿子同時坐在樹上，許多樹枝因此而折斷。獵人看到如此令人震驚的景象，心中充滿恐懼，紛紛放棄手中的獵槍。當然，並不是所有的人都這樣做。旅鴿會破壞穀物，因此長期遭到無情地獵殺。牠們被獵鳥鉛彈猛射，遭到棍棒擊打，巢穴被燒毀。

2　亞歷山大·威爾森（1766-1813），美國鳥類學家與博物學家。

一九〇〇年，最後一隻野生旅鴿被一個手持氣槍的男孩射死。最後這隻鴿子被做成標本，鈕扣取代原本的眼睛。這也是牠被稱為「鈕扣」的由來。事實證明，一大群的旅鴿可以完美反擊「傳統的」捕食者，但是牠們卻對人類束手無策。當旅鴿的數量達到瀕臨絕種時，牠們就徹底停止繁殖。同年愛荷華州的共和黨眾議員約翰·F·雷斯（John F. Lacey）[3] 向國會提出第一部保護野生動植物的法令，後來被稱為「雷斯法案」（Lacey Act）。在提到旅鴿時，他怒吼道：「我們展示了一場令人作嘔的大屠殺和毀滅，這應該是對人類的一個嚴厲警告。」

藍胸佛法僧是一種非常美麗的鳥類，美到令人幾乎感到不安。藍寶石般的羽毛在夏日陽光下閃閃發光，與草地和森林的柔和色調形成一種奇妙的對比。儘管採取嚴格的保育措施，結果並不如預期樂觀。過去三十多年來，藍胸佛法僧在波蘭的數量從兩千對減少到三十五對。在西部地區這種鳥類更是早已絕跡。位於東北部的庫爾皮平原是牠們的最後一處棲息地。另外還有一兩對棲息在南部的喀爾巴阡山地區，不過那是一個孤立的族群，未來幾年大概也會消聲匿跡。

重點是波蘭的佛法僧還有希望存活下來嗎？或是這種鳥類的基因庫已經小到沒有生存的機會？最早在一九七二年，揚·索科羅斯基就在他

的《波蘭鳥類》一書中寫道：「在波茲南地區、波美拉尼亞和希雷夏，牠們只出現在大片森林中，但是數量一直都不多……相反地，在維斯杜拉河東部，當火車快抵達華沙時，常常可以觀賞到藍胸佛法僧停留在電線桿上的畫面。」在一本發行於一九八○年的華沙旅遊導覽上，我讀到在波辛（Powsin）[4] 郊區可以看到佛法僧。今天人們得在庫爾皮地區開車繞上數英里（還好這個地區並不大），才有機會看到牠那招牌的土耳其藍身影，正虎視眈眈，等待獵物上門。

在遷徙季節期間，成千上萬的佛法僧會在地中海國家死亡。不僅僅只有牠們。獵人殺鳥不長眼，並不會特別區分某種鳥類。數百萬的小鳥因此而死亡，佛法僧也包含其中。當我們為了保護這種珍貴且有著美麗藍寶石色羽毛的鳥類而投注大量經費，卻只需要一個人就能輕易摧毀整個極小的鳥類族群時，這的確是一件值得發人省思的事情。而這個人也不見得是個飢腸轆轆的人。許多人把射殺鳥類當作是種休閒運動，或主要只是想在社群網站上炫耀自己的「戰利品」。每年都會有數千張的殺鳥照片被發到網路上。儘管在世界大多數的地區，這

3　約翰‧F‧雷斯（1841-1913），「雷斯法案」的主旨是通過立法保護野生動植物，禁止非法取得、運輸和買賣野生動植物，至今仍是動植物保護的法條基礎之一。

4　波辛，位於華沙的一處街區，以豐富的植物和綠地聞名。

種殺鳥行為都是違法的，不過在動盪不安的中東國家，打擊盜獵活動並不是當務之急的工作。

　　幾年前，美國版的《國家地理雜誌》（ *National Geographic* ）刊登了強納森‧法蘭岑的一篇名為〈最後的歌曲〉（ *Last Song* ）的文章。法蘭岑描述在遷徙季節期間，鳥類飛越地中海地區時所發生的鳥類大屠殺。他試圖保持客觀，平衡論點，調和自己身為一個酒足飯飽的西方人的情感和為了那些只能依靠打獵維生的人的利益之間的矛盾。在埃及市場上的一個賣鳥小販看見法蘭岑臉上不以為然的表情後說：「你們美國人為這些小鳥感到難過，但是在別人的家園發射炸彈時，卻一點感覺也沒有。」他的話中充滿著痛苦的事實，儘管可以輕易反駁說意識到大自然之美的重要性，並不代表就因此把人類的苦難排除在外。但是，法蘭岑什麼也沒說。

　　法蘭岑在描述沙漠中的一處金合歡樹叢時，表達了這種衝突的本質。沙海中的一個綠洲。一群來自富裕家庭的貝都因（Bedoiun）[5] 青少年正透過殺死在樹上歇息的小鳥打發無聊時間。一隻黃色的鵪鶉在帳篷前蹦蹦跳跳，法蘭岑描寫道，「這是一隻體型嬌小、值得信賴、溫血動物、有著美麗羽毛的生物，牠才剛橫越數百英里長的沙漠。」但是年輕的獵

人不僅沒感受到這隻鳥兒的美麗，也沒對牠的嬌弱感到心疼不捨。他想都沒想就將自己的氣槍瞄準牠。他沒打中，黃鶺鴒飛走。對這個貝都因人來說，這正是所謂的「漏網之魚」，但在作家的心中，這是名副其實的「鬆了一口氣」。

西方人經常將小鳥擬人化，賦予牠們性格和人類的美德。但是在這些埃及人的眼中，牠們就是小鳥，沒有人會過度關注牠們。殺死一隻鳥跟殺死一條魚並沒有什麼兩樣。這樣的想法在某些地區也相當常見。不過問題是，狩獵的方式已經改變。一般認為，一個手拿棍棒的獵人，他的效率遠遠低於同行配有瞄準器的氣槍。除此之外，現在用 MP3 播放器的錄音來吸引鳥類也是很常見的作法。在遷徙季節期間，幾乎整個海岸線都覆蓋了細尼龍紗製成的鳥網。根據法蘭岑的說法，總共約有十萬隻飛越海洋而筋疲力盡的鶴鶉遭到捕獲。幾個跟法蘭岑交談的埃及人解釋道，他們並不會獵殺本地的鳥類，只會殺那些「外來」的候鳥。

（二〇一四年二月阿爾巴尼亞實施兩年的狩獵暫停令，鳥類和哺乳類動物都受到這份法令的保護。據說這個決定是受到法蘭岑文章的啟發。）

5　貝都因，貝都因人是居住在阿拉伯半島沙漠地區、北非等地區的游牧民族，早期以游牧維生，現在多已改為定居的生活方式，並放棄游牧業，從事「標準」工作。

大海雀這個體型超過八十公分高的大型鳥類，過去曾經居住在橫跨加拿大到挪威的北海地區。大海雀一生大部分的時間都在水中度過，只有必要時才會不情願且笨拙地爬到充滿岩石的海岸上。牠們筆直的身子看起來與企鵝十分相似。一隻大海雀每年會下一顆蛋，撫育幼鳥，然後再回到水中。發育不良的小翅膀並不利於牠們飛行，但這一點也不奇怪——牠們把翅膀當作船槳，而且還是游泳和潛水的高手。

　　獵殺大海雀的歷史最早可以回溯到舊石器時代。從那個時期的漁夫和水手的墳墓中，可以發現以海雀的鳥嘴製作而成的裝飾品。根據水手後來的敘述，岩石島嶼上擠滿了無數的小鳥，根本就不可能從鳥群中穿越過去。人們無情地獵殺大海雀，為了取得牠們的肉和羽毛。在遙遠北方的貧瘠島嶼上，牠們充滿油脂、防水的羽毛以及肥碩的身體也被拿來當作水手的補給品。也因為這樣，位於芬克島（Funk Island）[6] 上最大的棲息地最後也遭到消滅（當歐洲人首次在那裡登陸時，預估當時還有十萬對大海雀）。在冰島海岸上還有另一處棲息地，四周圍繞著懸崖，人煙罕至，後來在一次火山爆發後遭到毀滅。直到十八世紀末葉，大海雀的數量變得很危急，情況也變得越來越清楚。許多博物館紛紛想要取得這個瀕臨絕種鳥類的標本。許多有錢愛慕虛榮的人也希望收藏一個神祕的海雀蛋。

這場幽靈般的競賽最後在一八四四年七月三日畫上句點。當時有三個冰島漁夫登陸埃爾德島（Eldey Island）[7]，他們發現一對大海雀，雌鳥已經成功在岩石上產下一顆蛋。這對大海雀逃飛，留下牠們珍貴的幼鳥。牠們在水中身手相當靈活，在陸地上卻非常笨拙，最後被永‧布蘭德松（Jón Brandsson）和辛古第許‧伊斯萊夫松（Sigurður Ísleifsson）殺死。另一個名叫凱第爾‧凱第爾松（Ketill Ketilsson）的呆子因為打破唯一的一顆大海雀蛋而在歷史上留名。那兩隻成鳥以相當於價值九英鎊的價錢售出。蛋殼因為無利可圖而被扔掉。

　　古埃及的文明依賴於每年反覆無常的尼羅河——氾濫的河流將肥沃的淤泥帶到農田。乾旱代表著饑荒。然而這條河流以各種不同的方式提供資源。棲息在河流沿岸莎草叢裡的候鳥遭到獵殺。從古老的壁畫中也可以見到類似今日迴力鏢的器具——這是一種有著鋒利邊緣的彎曲木

器，在古代被用來當作獵殺鳥類的武器。梅雷魯卡（公元前二十三世紀）（Mereuka）[8] 陵墓裡的一個浮雕，清楚描述獵殺鵪鶉和其他躲在農作物中的鳥類。其中最常見的是一個用木框框住大網的器具，被用來撒在正在覓食中的鳥群上。有時候同時捕獲到大量的鳥類，數量多到吃不完。生性溫馴，被飼養的灰雁成為今天家鵝的祖先。

一幅來自尼弗馬特王子（Prince Nefermaat）[9] 陵墓的壁畫展示了三對不同的鳥類：紅胸黑雁、大白額雁和寒林豆雁。很明顯的，我們可以看出藝術家曾經仔細研究過牠們的身體比例和羽毛細節。許多年來，這幅壁畫的歷史被鑑定為可以追溯到公元前兩千六百年。一直要到最近，才有人對這幅號稱是埃及的〈蒙娜麗莎〉的壁畫提出質疑，認為那可能是一個贗品。姑且不談這幅畫的創作者是否為一名古代藝術家，或是發現此畫的十九世紀畫家路易吉‧古薩利（Luigi Vassalli）[10]，鵝確實在埃及宗教中扮演著一個相當重要的角色。牠們是蓋伯（Geb）的象徵，一個位高權重的神祇。太陽的誕生始於他所下的蛋。他也是其他鳥神之父：伊西斯（Isis）[11]（有時會被描述成一個風箏）以及她的兒子荷魯斯（Horus），一個長著遊隼頭的男子，他是天空之神，有時被認為是在位的統治者，有時則被描繪成是統治者的守護人。在一座雕塑中，一隻遊隼停在寶座的頭部位置，牠以一種奇妙的人類姿勢用翅膀保護著卡夫拉（Khafre）[12] 的頭部，他是建造其中一座金字塔和獅身人面像的法老王。

另外還有一個由荷魯斯的精子所誕生的托特（Thoth），他有著新月

形鳥喙和朱鷺的頭部，同時也是月亮之神。他還是字母表的發明者。埃及聖朱鷺（在波蘭文中同樣被稱為「受崇拜的朱鷺」）在埃及受到崇拜。在希羅多德（Herodotus）[13] 的記載中，殺死這種鳥的下場就是死刑。供奉給托特的朱鷺被飼養在神廟裡，在牠們死後會進行防腐處理。考古學家在地下墓穴中發現了數百萬隻的朱鷺木乃伊。在十九和二十世紀之交引發的埃及狂熱潮時期，英國歷史藝術家曾經描繪一絲不掛的女祭司餵養朱鷺的場景。

8　梅雷魯卡，古埃及第六王朝統治期間權力最大的官員之一，權勢僅次於國王本人。他的陵墓是所有非王室成員中最大和最精緻的，共有三十三個墓室。

9　尼弗馬特王子（大約公元前 2575– 公元前 2551 年），據傳是古埃及第四王朝國王的長子。

10　路易吉‧古薩利（1812-1887），義大利的古埃及學家。

11　伊西斯，古埃及神話中的生命女神和大地之母，傳說她具有重生的神力，常頭戴禿鷹頭飾，有時則以雙手展開一對大翅膀示人。

12　卡夫拉（大約公元前 2558- 公元前 2532 年），古埃及第四王朝的法老王，他修建埃及第二大金字塔以及附屬的獅身人面像。

13　希羅多德（大約公元前 484- 公元前 425 年），古希臘作家，將其所見所聞撰寫成書《歷史》（History），被譽為歷史之父。

　　英文有一個這樣的表達說法——「像渡渡鳥一樣死光了」，意思是指永遠消失，不再復返。人類很早就開始與這種源自模里西斯（Mauritius）[14]，不會飛行的大型鴿子打交道。人們很快就取得天性溫馴渡渡鳥的信任，這也為牠們帶來不幸的命運。居住在孤島上的渡渡鳥一點也不懼怕新來者，對他們所帶來的致命破壞力也毫無警覺。人類為了鳥肉而殺死渡渡鳥，牠們的幼鳥和鳥蛋則用來餵養歐洲人帶到島上的豬、老鼠和獼猴。關於渡渡鳥的最後一個可靠記載可以追溯到一六二二年。目前所知的最新研究顯示，這種鳥類在一六九〇年代徹底絕跡。另外，居住在鄰近島嶼上不會飛行的渡渡鳥近親，也在一百年後消失。

　　到目前為止並沒有渡渡鳥的標本得以保存下來。我們只有發現一個披著皮的顱骨和一隻腳。事實上，我們無法確認牠們的外觀長相。多年來關於渡渡鳥的主要資料來源都來自素描和繪畫，其中最著名的是一六二〇年代由羅蘭特・薩弗里（Roelant Savery）[15] 所繪製的圖畫。這位畫家在有錢人家的私人動物園中觀察到許多的奇珍異獸，並在他的許多畫中描述這些動物。他特別喜愛描繪出現在奇妙且和諧的景色中，寧靜地聚集在一起的動物群。肉食性動物與草食性動物、獅子、鹿和鴨子同處一地。舉例來說，在〈鳥類風景〉（*Landscape with Birds*）中或〈天堂〉（*Paradise*）[16] 右下方角落，我們可以看到渡渡鳥的身影。羅蘭特的姪子揚・薩弗里（Jan Savery）[17] 也曾以渡渡鳥為題作畫，不過極有可能這是抄襲自他叔叔的作品。

目前普遍認為薩弗里的圖畫並沒有精確呈現渡渡鳥的模樣。據說這種被圈養的鳥類會有過度飲食的傾向，因此絕對會過度肥胖。野生的渡渡鳥體型會清瘦許多，據傳跑得相當快。科學家根據自己取得的無數渡渡鳥骨骼，並根據假設加上肉體。倫敦的自然歷史博物館（National History Museum）的展覽作品正是出自於這樣的一個重建嘗試。就像薩弗里畫中的渡渡鳥那樣，那是一個另外加上灰色羽毛的石膏鳥像。起初這個渡渡鳥石膏像就跟畫裡的一樣體型豐滿，但是在經過對骨骼的檢測，加上可能可以負荷的體重分析後，才被修正為現在較瘦的樣子。

過去幾年來，我一直都有在追蹤一個名叫喬治的黎巴嫩人的臉書。喬治經常發布他獵殺的鳥類照片。例如幾隻被喬治殺死，頭被綁在一起

---

14 模里西斯，位於印度洋上的一個群島國家。

15 羅蘭特·薩弗里（1576-1639），荷蘭黃金時期畫家，擅長描繪佛蘭德斯地區（Flanders）的風景，也是針對渡渡鳥最多產和最有影響力的畫家。

16 〈鳥類風景〉，繪於一六一五年，目前收藏在英國漢普頓宮（Hampton Court Palace）中。〈天堂〉於一六一八年完成，目前為布拉格國家美術館（National Gallery Prague）所收藏。

17 揚·薩弗里（1589-1654），最著名的作品是對渡渡鳥的描繪。

的歐歌鶇。他看起來一臉得意的模樣。他身上穿著一件胳膊下有個破洞的迷彩夾克，嘴裡叼著菸。這就是喬治——充滿陽剛風格。還有喬治和朋友的照片。非常上鏡頭的緊鎖眉頭，手上握著獵槍，兩輛吉普車的引擎蓋上擺著一團的小型鳥類。看起來有幾百隻。在另一張照片裡，桌上散滿了鳥的屍體，角落中有一個小孩正踮著腳尖要看這堆戰利品。

　　喬治用兩張全照獻給一隻普通鵟鷹的近親，也就是一般所稱的棕尾鵟。照片中這隻受了傷的鳥停在地面上，翅膀向下低垂。路面上的石頭可以看到血跡。這是一張近距離所拍攝的照片。這張照片也引起許多人的憤怒，並留下火爆的評論，喬治任憑每個人自由發表自己的看法。他自己也參與評論，甚至寫下「只有上帝有權評斷我」的字句。事實上他說的並沒有錯，這種情形在黎巴嫩幾乎無法可管。二○○四年曾經提出規定普通鳥類的獵殺數量限制，還有保護猛禽、鵜鶘和鸛鳥等相關草案，但是這從來沒有生效實施。一九九五年制定的一項法律，不但已經不符現實需求，更是遭到大眾的忽視。為了說明這個現象的嚴重性，禁止屠殺鳥類委員會（Committee Against Bird Slaughter）對發布在社群網站上的照片進行分析。單從八百五十九張照片中，他們發現就有超過一萬三千隻小鳥，來自一百五十三種不同的鳥類，遭到獵殺。其中還包含瀕臨絕種的鳥類：埃及禿鷲、小斑雕、夜鷺以及藍胸佛法僧。而這些照片只不過是從四百個網站收集來的而已。根據估計，在黎巴嫩大約有六十萬個獵人（他們其中只有百分之三的人是有合法登記的）。

我也查看喬治朋友的臉書網頁。他們並不是需要靠打獵獲取食物的鄉下農人（話說在臉書上也看不到這類人），他們來自中上階層。對他們來說罰金根本不算什麼，他們衣冠楚楚，擁有新車，周遊世界。賈米爾（Jamil）是個會計師。我們可以看到他出現在巴黎和日內瓦的照片。他有一個漂亮的妻子，也喜歡德國短毛獵犬。在他的網頁上，他相當自豪地展示一隻死掉的夜鷹。這種夜行性鳥類靜靜地在黑暗中追逐飛蛾。當然獵捕夜鷹是種非法行為，但是射殺這種難以捉摸的鳥類是件值得驕傲的事情。賈米爾和傑德（Jad）是朋友。傑德長得很像傑森‧史塔森（Jason Statham）[18]，而他本人似乎也知道這點。結實的下巴、理光頭髮，蓄著短鬍鬚，戴著墨鏡。在打獵時，他一臉嚴肅的表情，不過當他在奢華的環境中拍照時，臉部五官變得十分柔和，整張臉看上來就像是個被捧爛的甜甜圈。像其他人一樣，每到週末他就會變成一個冷血無情的殺鳥機器。

---

18 傑森‧史塔森（1967-），英國演員，擅長動作片的演出，以扮演陽剛、冷硬、堅韌的角色最為人所知。

　　黎巴嫩的獵人喜歡到處旅行，尤其是那些家境富裕的人。比如說，在夏末和秋天時，他們會前往羅馬尼亞。在那裡他們獵殺各種鳥類，其中包括斑鳩、鵪鶉和小型鳴禽。這是一種「全包」的行程。根據這些獵人的社群網頁，我們可以輕易得到這樣的分析結果——實際上所獵殺的數目遠遠超過法律的規定限制。根據〈歐洲鳴禽大屠殺〉（*The Massacre of Europe's Songbirds*）[19] 作者的估計，在秋天期間大約會有五億隻小鳥飛往非洲和地中海地區，其中約有一億隻會死於途中。猛禽被下了毒的腐肉毒死，擴音器播放小型鳥類的叫聲，吸引牠們飛進捕網裡，最後被黏在膠帶上。樹枝上塗滿一層厚厚的黏膠，小鳥一旦在上面停留，就插翅也難飛了，往往在南方烈日的高溫曝曬下掙扎而死亡。以馬爾他（Malta）[20] 為例，李子做成的混合物就是一種常見的殺鳥毒藥。

　　歐盟有一項所謂的「鳥類指令」（Birds Directive），旨在除了保護鳥類以外，也包含棲息地的保育。不過會員國可以制訂個別的例外規定。因此造成在法國餐廳享用某種鳥類在英國卻是違法的行為。在羅馬尼亞捕獵到的槲鶫必須透過偷渡，才能進入義大利境內。這是有組織的犯罪集團所運作的一門生意。頭被砍掉的小鳥有些部位遭到改裝，因此比較不容易被辨認出來。整個非法獵殺鳥類的運作規模相當的龐大。以一輛來自塞爾維亞的卡車為例，它在邊界遭到義大利警察攔下來，車上載了十三萬隻包裝嚴密的小鳥，光是這起事件就足以說明這一點。

　　大部分在巴爾幹地區和羅馬尼亞獵鳥的人都是義大利人。不論什麼

時候，一年四季都可以發現他們的足跡。依照規定，義大利獵人一天可以從羅馬尼亞帶出一百隻雲雀，但實際數量往往超過這個限制。一個負責安排打獵行程的人就向該文章的作者吹噓道，目前的紀錄保持人光是在一天就獵殺了四百隻小鳥。狩獵公司還另外提供折疊椅給獵人使用，所以他們不至於在打獵過程中感到過於勞累。椅子被擺在剛割好的草地附近，那裡有成群的小鳥正在覓食。羅馬尼亞政府不斷地放鬆保護鳥類的相關法律——例如，在二〇一五年政府准許獵殺該國境內三分之一的雲雀。許多的獵人都是來自義大利的公司總裁和銀行家，簡單來說，他們就是可能的潛在投資者，而雲雀就是引誘他們掏錢的誘餌。

佛瑞德・包德沃斯（Fred Bodsworth）[21] 所撰寫的《最後的杓鷸》（*Last of the Curlews*）是我讀過最懾人心魄的一本書。一九五五年發行出版。這

---

19 〈歐洲鳴禽大屠殺〉，本文出自《新聞週刊》（*Newsweek Magazine*），二〇一五年七月二日，作者為路克・戴爾-哈里斯（Luke Dale-Harris）。

20 馬爾他，位於地中海的一個小島國家。

21 佛瑞德・包德沃斯（1918-2012），加拿大作家、記者和業餘博物學家，作品以描述大自然和動物的故事為主。

是關於一隻倖存的愛斯基摩杓鷸尋找伴侶的故事。牠獨自流浪，靠著自己的力量保護一塊苔原，並利用樹葉和乾草在那裡築了一個淺淺的鳥巢。牠趕走其他的鷸科鳥類，猛烈攻擊出現在附近巡邏的毛足鵟。每一年牠的直覺都會告訴牠什麼時候該展開橫越兩大洲的旅程——從加拿大最北部到巴塔哥尼亞（Patagonia）[22]。

一七七二年約翰・萊茵霍德・佛斯特（Johann Reinhold Forster）[23] 首度發表對愛斯基摩杓鷸的描述 ——「當地居民叫牠們 wee-kee-me-nase-su；牠們以沼澤中的昆蟲、幼蟲等為食。每年四月或五月初，牠們往北造訪奧爾巴尼堡（Fort Albany）[24]。八月時牠們會再度返回，接著在九月下旬成群一起往南遷徙。」艾略特・庫斯（Elliott Coues）[25] 曾經在一八六一年寫道，成群的愛斯基摩杓鷸遭到獵人的射殺而無法飛遠，只能在空中漫無目的地盤旋。一槍就能射殺將近二十隻鳥。獵人稱牠們為麵糰鳥，

---

22 巴塔哥尼亞，指的是位於南美洲安第斯山脈以東，南緯四十度為界的一個地理區域，主要在阿根廷境內，小部分地區隸屬於智利。

23 約翰・萊茵霍德・佛斯特（1729-1798），德國啟蒙運動時期著名的科學家和探險家，對歐洲和北美的早期鳥類學有很大的貢獻。

24 奧爾巴尼堡，位於加拿大安大略省（Ontario），一六七〇年為了發展當地原住民毛皮貿易所建立的村莊。

25 艾略特・庫斯（1842-1899），美國外科醫生和鳥類學家。

kuliki
愛斯基摩杓鷸

因為在遷徙季節期間，牠們變得非常肥胖，以至於在掉落地面上時，身上的皮膚因為過多的脂肪而爆開。有時候牠們被突然發生的暴風雨吹到汪洋大海中，最後牠們會出現在海灘上，筋疲力盡，無法再度飛行。這時人們就會趁機用棍棒打死牠們。

最晚至二十世紀初，鳥類學家就已經對這種鳥類的未來有著確切的結論——查爾斯・溫德爾・湯森（Charles Wendell Townsend）和格洛弗・莫里爾・艾倫（Glover Morrill Allen）[26] 在一九〇七年發表的一篇文章裡寫道：「自一八九二年以後，這種曾經數量龐大的鳥類只有極少數出現在拉布拉多海岸（Labrador Coast）[27]（……）毫無疑問地，愛斯基摩杓鷸正在消失——而且牠們正直接走向絕種的路上。」不到十年之後，人們普遍認為這種鳥類已經無法起死回生。由於倖存的數量少之又少，復育並重新建立鳥群是一件不可能的事。鳥類學家將杓鷸的大屠殺比作在二十世紀初滅絕的旅鴿。

包德沃斯筆下的愛斯基摩杓鷸跟我們沒有兩樣——牠有自己的內心世界，牠也會有悲傷與快樂的情緒。牠尋找幸福。作者的擬人化很容易遭到批評，也因為這樣的指控，一些有洞察力且具有價值的書籍，往往會跟睿智的貓頭鷹和自大的烏鴉一起被歸類在兒童文學的類別中。人類總是百般反對動物也有感情以及在某些地方與我們並無兩樣的這種想法。包德沃斯的書之所以如此令人感動，正是因為這是一個透過鳥的眼睛看世界的敘述手法。受本能驅使，但又受制於情感。這樣的觀點一點

都不天真，只不過與我們一般觀察動物的看法有很大的不同。

經過五年的漫長等待，杓鷸終於與另一半相遇。求偶的場景令人感到十分驚嘆。包德沃斯如何能忠實地描述鳥類的行為，同時又將故事描寫得如此感人肺腑呢？有時候杓鷸簡直就像人類：「黑暗中，他們不斷地向彼此訴說──輕柔的戀人絮語超越翅膀下呼嘯的風聲，雄鳥漸漸忘卻自己曾經孤獨一人的折磨。」也許這一點也不科學，但畢竟這是文學作品，透過文學教育勇敢無懼的大自然捍衛者。

哎呀──為了激起我們的憤怒以及為人類的殘忍辯護，這個故事無法有個美好的結局。這對伴侶坐在草原某個新犁過的田地上，其他鳥類一見農耕拖拉機靠近馬上飛離，只有這對杓鷸沒有注意到。他們相信自己的翅膀夠強壯，所以在原地逗留到最後一刻。這對戀人沉浸在戀愛的狂喜之中，完全沒有意識到有個男子正從農耕拖拉機上走下來，並一步一步逐漸靠近彼此。當槍聲一響，杓鷸才往上飛，然而雌鳥越飛越慢。她最後大叫一聲，隨即掉落到地面上。雄鳥大聲呼喚，鼓勵她要撐下去，但是一切都為時已晚。整個晚上他都守護在她冰冷的屍體旁，然後飛往

---

26 查爾斯‧溫德爾‧湯森（1859-1934），美國鳥類學家。格洛弗‧莫里爾‧艾倫（1879-1942），美國動物學家。
27 拉布拉多海岸，位於加拿大紐芬蘭省和拉布拉多省內。

北方，受本能驅使，繼續固執地守護著自己的地盤，等待新的伴侶出現。

　　包德沃斯的書在一九七二年被改編成一部長達一個小時的動畫電影。想當然耳，電影比書本身更受到歡迎，不過動畫版的《最後的杓鷸》只能說是個真實的改編版。不論是氣勢磅礴的音樂，兩隻鳥兒依偎在一起的畫面，或是戲劇化的結尾，全都在觀眾的心中留下深刻的印象。雖然這是一部針對兒童所製作的電影，但受感動的絕不僅僅只有這個族群而已。電影中的杓鷸甚至更有人性：「他們整晚訴說情話，計畫他們在北方的家與他們未來的家庭。」

　　一九六二年，小約瑟夫・米勒・海瑟中將（Joseph Miller Heiser Jr.）[28] 在德州的加爾維斯敦（Galveston）觀察到最後的一對愛斯基摩杓鷸。牠們正與其他的鳥類一起覓食，包括與牠們長得非常相似的中麻鷸。但是，兩者絕不會被誤認。觀察者在牠們附近同時架設八台望遠鏡，在一個小時內能夠仔細觀察到牠們在草叢裡的所有動靜。一年之後，另一隻愛斯基摩杓鷸在巴貝多（Barbados）[29] 遭到射殺（屍體由我們的老朋友詹姆士・龐德鑑定，並把它當作展品送給位於費城的自然科學博物館）。從此以後，雖然有出現零星的報告，但始終沒有任何獲得證實的目擊觀察紀錄。目前愛斯基摩杓鷸被認為是「極度瀕臨絕種（可能已經絕種的）鳥類」。

在波蘭也有獵殺鳥類的情形。根據法律規定,在特定的季節裡可以捕獵十三種不同鳥類。問題是,大多數的獵人根本就對鳥類一無所知。畢竟乍看之下所有飛行中的鴨子看起來全都大同小異,特別是光線不足的情況之下。許多獵人根本就沒有意識到自己捕獵的是受保育的鳥類。究竟為什麼要獵殺鳥類?正如獵鹿的例子那樣,大部分獵殺雁群的理由都是因為牠們會破壞農作物。那麼獵殺牠們有降低農作物的損失嗎?為什麼白冠雞會出現在法律規定可以獵殺的鳥類名單上?尤其是白冠雞從來就沒有出現在農地上過。居住在森林中的花尾榛雞又造成了什麼樣的損害?

反對捕獵鳥類的人經常不得不面對來自堅守「傳統」這一詞所激發的感染力。當其他理由都站不住腳的時候,「傳統」就成了獵殺鴨子、雁子和白冠雞的合法理由。說到底,我們的父親和祖父都做過同樣的事,所以攻擊這種習俗就等同攻擊我們的身分認同、我們的歷史和我們

---

28 小約瑟夫‧米勒‧海瑟(1914-1994),美國陸軍中將。
29 巴貝多,位於加勒比海與大西洋上的島國。

的價值觀。也就是說，這是一種對「波蘭性」的抹滅。然而，喚起打獵是日常生活不可或缺的一部分，那種田園詩歌般的過去，等於忽略一個明確的事實——我們現在生活的世界已經與過去大不相同，今非昔比。今日幾乎沒有人會吃野生的鳥類。人工養殖的家禽很便宜，人人都能負擔得起。獵殺鳥類的確只是一項刺激的運動。

位於八里奇河谷的米利奇池塘（Milicz Ponds），十三世紀時由聰明的熙篤會修士所開鑿出來，直到今天仍被用來當作鯉魚養殖場和大型的自然保護區。每年都會有大量的雁群在廣闊的水面上度過安全的夜晚。隔天清晨八點左右，鳥類就會開始動身出發。牠們在晴朗的天空中翱翔。雁子是一種群居鳥類。一路上牠們的叫聲此起彼落，確定自己與認識的同伴們一起飛行，同伴們則回應確認自己有緊跟在牠們的身邊。雁群飛到鄰近的田地上吃玉米梗。雖然距離不是太遙遠，但卻是一段危險的旅程。池塘的邊緣就是整座保護區的邊界，在那裡獵人們早就蓄勢待發，好整以暇地將他們的二號子彈瞄準雁群了。這種鉛製子彈從塑膠彈夾中射出時，通常可以同時擊中好幾隻鳥。如果他們不是遭到一槍斃命，最後也會死於鉛中毒或傷口感染。

在法國，關於這個「傳統」也時常被拿出來討論——不過是從烹飪的角度。不論是名廚、重要的政治人物、民族認同的捍衛者或是精緻美食的饕客，全都無法接受歐盟法規不允許他們享用圃鵐的這個事實。這是一種小型的野生鳥類，黃鵐的近親，聽說還是貝多芬第五號交響曲開頭幾個音符的靈感來源。多年來，圃鵐的數量不斷地在急遽減少，原因在於儘管有明文禁令，但是每年盜獵者還是成功在法國南部捕捉到將近三萬隻的圃鵐。這些捕獵到的圃鵐會被關在黑暗的箱子裡養肥（夜晚的感覺會導致牠們失去方向感，因此而增加食慾）。

　在檯面上，販售、獵殺或食用圃鵐都是遭到禁止的。但是檯面下，在一個以烹飪為傲的國家，當這種珍饈處於絕種的危機時，法律通常也會對這類犯法活動視而不見。養肥後的圃鵐體重比野生的還要多上兩三倍，牠們最後會被運到餐廳，泡在雅馬邑白蘭地（Armagnac）中，全部的內臟都充滿濃濃的酒香。然後牠們就會被放進烤箱裡烤，烤好的圃鵐會整隻被吃掉（除了無法吞下的大骨頭以外）。每個食客的頭上會蓋上一條白布，這麼做是為了保留完整的美味香氣。這種近乎情色的殘酷例子（順便一提，鵝肝的製作方法也屬於同一派）並沒有嚇跑真正的美食家。

弗朗索瓦‧密特朗在深受癌症病痛的折磨時，在死前不久，他點了以下幾樣珍饈：三十隻瑪海恩（Marennes）[30] 生蠔、鵝肝、一隻閹雞以及重頭戲──兩隻圃鵐。並以甜蘇玳（Sauternes）[31] 佐餐。就連法國人也對這個貪食歡宴感到有些不妥。以有話直說著名的記者傑若米‧克拉克森（Jeremy Clarkson）[32] 也非常喜歡圃鵐的美味。在英國一個名為《傑若米‧克拉克森周遊列國》（*Jeremy Clarkson Meets the Neighbors*）的電視節目上，有人端給他一個盤子，上面放了一隻烤小鳥，結果他吃得十分盡興。他解釋道，這一切都是合法的，因為他並沒有掏錢買那隻圃鵐。後來英國廣播公司收到數千封的投訴。他的許多忠實觀眾，甚至就連那些原本認為他是虛偽的政治正確世界中，最後一個誠實聲音的人，都認為這一次他真的是做得太超過了。

30　瑪海恩，位於西部，濱臨北大西洋，是法國主要的生蠔養殖地之一。
31　蘇玳是一種產自法國波爾多地區的同名白葡萄酒，口感甘甜。
32　傑若米‧克拉克森（1960-），英國電視主持人和記者。

　　子彈也不是鳥類死亡的唯一原因。大多數的鳥類都是所謂現代文明的受害者。在美國地區，每年獵人大約會捕獵一千五百萬隻小鳥。這已經是個不小的數量，但是根據美國鳥類協會（American Bird Conservancy）的報告，這只不過是冰山一角，實際數量要比這個高出許多。出乎意料地，原來在有關人類所造成的危險中，家貓才是鳥類最大的威脅。這些可以自由在戶外走動的動物，居然每一年在美國都會殺死一‧五億至三‧五億隻的小鳥。這也就是說，每一隻美國家貓身上都背負著數十隻小鳥的命。預防措施其實非常簡單。當然最有效的方法是把貓留在家中。不過只要在牠們的項圈上掛個小鈴鐺，就可以拯救一半鳥類的生命。

　　根據艾希特大學（University of Exeter）[33] 在一九八○—二○○九年的研究報告顯示，在這段期間歐洲地區的鳥類減少了四‧二一億隻。這份研究總共涵蓋二十五個國家，其中一些最常見的普通鳥類受到的影響最大，包括麻雀、八哥和雲雀。這也證明我們的環境正急速在惡化中。當我們意識到這代表著百分之二十的歐洲鳥類總數時，四‧二一億這個數字就變得更加驚人。

　　其中居住在農田裡的鳥類，牠們所面臨到的處境最為嚴苛。由於密集化的耕作方式和化學農藥的大量使用，導致牠們大量死亡。為了開路闢道，我們直接輾過棲息地。我們逼迫鳥類移居到我們尚未找到用途的地方。我們自私自利且短視近利。對我來說，相關政策的悲哀具體表現在二○一五年春天的八里奇河谷中。河流的中央盆地形成一個真正的自

然保護區，在那裡可以發現波蘭最稀有的鳥類。每年四月開始，可以聽見少數幾隻存活下來的黑嘴松雞（二十年前仍被列為可以獵殺的鳥類）正在草地上鳴叫。五月時，大鷸的咯咯聲迴盪在沼澤的莎草叢中。現在是清晨六點鐘，陽光已經十分刺眼，我正注視著一片橙木溼地，那裡居住著一對大斑雕，牠們在波蘭的數量已經變得非常稀少。距離森林幾英里外的地方（對飛行中的一隻小鳥來說，這根本不算有距離），風電場的銀色葉片正在陽光下閃閃發光。

33　艾希特大學，一所英國大學，創立於一九五五年。

科學人文 92

鳥兒在唱歌：生活與藝術中的鳥和人
Dwanaście srok za ogon

作　　　者	史坦尼斯瓦夫‧盧賓斯基	
譯　　　者	陳綉媛	
主　　　編	王育涵	
責 任 企 畫	林欣梅	
美 術 設 計	吳郁嫻	
內 頁 排 版	吳郁嫻	
插 畫 繪 製	Zosia Frankowska	

總 編 輯	胡金倫
董 事 長	趙政岷
出 版 者	時報文化出版企業股份有限公司
	108019 臺北市和平西路三段 240 號 7 樓
	發行專線｜ 02-2306-6842
	讀者服務專線｜ 0800-231-705 ｜ 02-2304-7103
	讀者服務傳真｜ 02-2302-7844
	郵撥｜ 1934-4724 時報文化出版公司
	信箱｜ 10899 臺北華江橋郵政第 99 號信箱
時報悅讀網	www.readingtimes.com.tw
人文科學線臉書	https://www.facebook.com/humanities.science
法 律 顧 問	理律法律事務所｜陳長文律師、李念祖律師
印　　　刷	華展印刷有限公司
初 版 一 刷	2024 年 10 月 11 日
定　　　價	新臺幣 480 元

鳥兒在唱歌：生活與藝術中的鳥和人｜史坦尼斯瓦夫‧盧賓斯基著｜陳綉媛譯｜初版｜臺北市｜時報
文化出版企業股份有限公司｜ 2024.10 ｜ 304 面；14.8×21 公分｜譯自：Dwanaście srok za ogon.｜
ISBN 978-626-396-097-8(平裝)｜ 1.CST: 鳥類 2.CST: 動物生態學｜ 388.8 ｜ 113003977

ISBN 978-626-396-097-8
Printed in Taiwan

時報文化出版公司成立於一九七五年，並於一九九
九年股票上櫃公開發行，於二○○八年脫離中時集團非
屬旺中，以「尊重智慧與創意的文化事業」為信念。